中国村镇社区化转型发展研究丛书

丛书主编：崔东旭 刘涛

Perception Evaluation and Optimization
Research of Ecosystem Services in Rural Areas:
A Case Study of Shandong Province

乡村地区生态系统服务感知评价及优化研究
——以山东省为例

吴冰璐 / 著

北京大学出版社
PEKING UNIVERSITY PRESS

图书在版编目（CIP）数据

乡村地区生态系统服务感知评价及优化研究：以山东省为例 / 吴冰璐著. 北京：北京大学出版社，2025. 6. —— (中国村镇社区化转型发展研究丛书). ISBN 978-7-301-36262-4

Ⅰ. X321.252

中国国家版本馆CIP数据核字第20255W3M96号

书　　　名	乡村地区生态系统服务感知评价及优化研究——以山东省为例
	XIANGCUN DIQU SHENGTAI XITONG FUWU GANZHI PINGJIA JI YOUHUA YANJIU——YI SHANDONG SHENG WEILI
著作责任者	吴冰璐　著
责任编辑	王树通
标准书号	ISBN 978-7-301-36262-4
审图号	GS鲁（2025）0067号
出版发行	北京大学出版社
地　　　址	北京市海淀区成府路205 号　100871
网　　　址	http://www.pup.cn　　　新浪微博：@北京大学出版社
电子邮箱	编辑部 lk2@pup.cn　　总编室 zpup@pup.cn
电　　　话	邮购部 010-62752015　发行部 010-62750672　编辑部 010-62764976
印刷者	北京宏伟双华印刷有限公司
经销者	新华书店
	720毫米×1020毫米　16开本　15.25印张　267千字
	2025年6月第1版　2025年6月第1次印刷
定　　　价	99.00元

"中国村镇社区化转型发展研究"丛书

编 委 会

丛书总序

本丛书的主要研究内容是探讨乡村振兴目标下的我国村镇功能空间发展、社区化转型及空间优化规划等。

村镇是我国城乡体系的基层单元。由于地理环境、农作特色、经济区位等发展条件的差异，我国村镇形成了各具特色的空间形态和功能系统。快速城镇化进程中，村镇地区的基础条件和发展情况差异巨大，人口大量外流、设施服务缺失、空间秩序混杂等问题普遍存在，成为发展不平衡、不充分的主要矛盾。党的二十大报告指出，全面建设社会主义现代化国家，最艰巨最繁重的任务仍然在农村。因此，从村镇地区功能空间转型和可持续发展的角度出发，研究农业农村现代化和乡村振兴目标下的村镇社区化转型，探索形成具有中国特色的村镇社区空间规划体系，具有重要的学术价值和实践意义。

"中国村镇社区化转型发展研究"丛书的首批成果是在"十三五"国家重点研发计划"绿色宜居村镇技术创新"专项的第二批启动项目"村镇社区空间优化与布局"研发成果的基础上编撰而成的。山东建筑大学牵头该项目，并与课题承担单位同济大学、北京大学、哈尔滨工业大学（深圳）、东南大学共同组成项目组。面向乡村振兴战略需求，针对我国村镇量大面广、时空分异明显和快速减量重构等问题，建立了以人为中心、以问题为导向、以需求为牵引的研究思路，与绿色宜居村建设和国土空间规划相衔接，围绕村镇社区空间演化规律和"三生"（生产、生活、生态）空间互动机理等科学问题，从生产、生活、生态三个维度，全域、建设区、非建设区、公共设施和人居单元五个空间层次开展技术创新。

项目的五个课题组分别从村镇社区的概念内涵、发展潜力、演化路径和动力机制出发，构建"特征分类＋特色分类"空间图谱，在全域空间分区管控，"参与式"规划决策技术，生态适宜性和敏感性"双评价"，公共服务设施要素一体化规划和监测评估，村镇社区绿色人居单元环境模拟、生成设计等方面进行了技术创新和集成应用。截至 2022 年年底，项目组已在全国 1300 多个村镇开展了调研，在东北、华北、华东、华南和西南进行了 50 个规划设计示范、10 个技术集成示范和 5 个建成项目示范，形成了可复制、可推广的成果。已发表论文 100 余篇，获得 16 项发明专利授权，取得 21 项软件著作权，培养博士、硕士学位研究生 62 名，培训地方管理人员 61 名。一些研究成果已经在国家重点研发计划项目示范区域进行了应用，通过推广可为乡村振兴和绿色宜居村镇建设提供技术支撑。

村镇地区的功能转型升级和空间优化规划是一项艰巨而持久的任务，是中国式现代化在乡村地区逐步实现的必由之路。随着我国城镇化的稳步推进，各地的城乡关系正在持续地演化与分化，村镇地区转型发展必将面临诸多的新问题、新挑战，地方探索的新模式、新路径也在不断涌现。在迈向乡村振兴的新时代，需要学界、业界同人群策群力，共同推进相关的基础理论方法研究、共性关键技术研发、实践案例应用探索等工作。项目完成之后，项目团队依然在持续开展村镇社区化转型发展相关的研究工作，本丛书也将陆续出版项目团队成员、合作者及本领域相关专家学者的后续研究成果。

本丛书的出版得到了中国农村技术开发中心和项目专家组的精心指导，也凝聚了项目团队成员、丛书作者的辛勤努力。在此，向勇于实践、不断创新的科技工作者，向扎根祖国大地、为乡村振兴事业努力付出的同行们致以崇高的敬意。

"中国村镇社区化转型发展研究"

丛书编委会

2023 年 4 月

前　言

生态系统服务（Ecosystem Service，ES）是指人类从生态系统中获得的所有惠益，包括对人类生存及生活质量有贡献的有形产品和无形服务。联合国《千年生态系统评估报告》（Millennium Ecosystem Assessment，MA）将其分为供给服务（提供食物和水）、调节服务（控制洪水和疾病）、文化服务（精神、娱乐和文化收益）及支持服务（维持地球生命生存环境的养分循环）四种类型。

乡村被定义为城市建成区以外的综合地域，是在山水林田湖草各类生态系统基础上形成的村镇有机体及其居业协同体，具备复杂性、综合性、动态性、开放性等特征。相较于城市，乡村在粮食生产、水源涵养、文化体验、稳定碳平衡等方面具有重要作用。不同地域乡村自然资源、气候特征、文化内涵等不同，反映出多样的乡村生态系统服务特征。随着乡村振兴全面推进，中国乡村生态系统受到不同程度扰动，其生态系统服务也在发生改变。面对新时期发展要求，乡村地区生态系统服务认知、评价和优化亟须新的发展目标指引。

山东省在全国人口及农业农村发展大局中占据重要位置，生态系统服务特征受到人口密度和地形地貌两个方面的影响。人口密度方面，山东省几千年来一直是人类繁衍生存的重要区域，农业发达、人口稠密，现今是中国第二人口大省，拥有3700多万农村人口，城市和农村地区均有较高的人口集聚。粮食、蔬菜、果品、畜禽、水产品等产量和质量均居全国前列，是农业大省、农业强省。农村常住人口多以务农为主要职业，生态系统服务水平对农村常住居民的生产生活具有重要影响，其流动服务也影响着国内粮食和蔬果的供应市场。地形地貌方面，山东省地形地貌类型丰富，具备平原、山地、丘陵等多种乡村地貌形态，具有较强的代表性。中部是以泰山山脉为主的隆起山地，东部和南部为和缓起伏的丘陵，北部和西南部为平坦的黄河冲积平原。多样的地形地貌赋予了山东丰富的自然景观，也为生态系统提供了多样性和复杂性，形成了各地乡村经济社会发展的较大差异。研究山东乡村地区生态系统服务居民感知评价并提出优化策略，对于扎实实施乡村振兴战略、打造乡村振兴的齐鲁样板具有重要意义，可为我国其他地区乡村建设提供参考借鉴。

本书将乡村生态系统服务评价与健康、韧性、低碳相结合，构建村域微观尺度乡村生态系统服务居民感知评价体系。选择山东省东部、中部和西部三个地区乡村为研究对象，分析乡村居民生态系统服务感知特征和影响因素。最后综合以上理论和实证研究，提出乡村生态系统服务优化策略，为我国社会发展新背景下乡村振兴、乡村规划建设和乡村社会经济可持续发展提供参考。

本书在"十三五"国家重点研发计划"绿色宜居村镇技术创新"重点专项"村镇社区生态系统空间优化与规划关键技术"（2019YFD1100803）课题"村镇社区生态感知与生态功能提升技术"子任务支持下完成。

本书可为乡村生态系统服务研究、生态系统服务感知研究提供理论支持和数据基础，也可为高校师生、科研单位的相关工作人员提供学习参考。

对乡村生态系统服务的研究还在不断探索和完善，书中疏漏在所难免，望读者不吝赐教。

吴冰璐

山东建筑大学 建筑城规学院

2024 年 5 月

目　录

第1章 绪 论

1.1 研究目的和内容

1.1.1 研究背景

（1）社会经济发展和政策背景

当今中国正处于战略机遇和风险挑战并存的时期，建设社会主义现代化国家过程中的不确定和难预料因素增多，其中乡村发展建设任务依然艰巨和繁重[1]。自2004年起，中共中央连续20年发布了以"三农"工作为核心的中央一号文件，强调了"三农"问题在中国社会主义现代化时期的关键地位。2017年，党的十九大首次提出乡村振兴战略，强调要"坚持农业农村优先发展"，这是乡村发展理论和实践上的一项重大创新[2]。在经济形势压力和外部环境复杂变化背景下依然聚焦"三农"，可看出乡村地区在我国经济、生态、文化等各个领域具有重要地位。2018年，中共中央和国务院明确提出了"产业兴旺、生态宜居、乡风文明、治理有效、生活富裕"的总体要求。针对我国社会经济发展新阶段出现的新诉求，如何更好地促进乡村社会经济与生态环境的可持续发展、保障广大城乡居民的福祉，已成为亟待解决的理论和实践问题。

（2）我国乡村地区高质量发展新需求

乡村被定义为城市建成区以外的综合地域，与城镇一同构成了人类聚居的主要空间，并具有多样性的自然景观、社会和经济特征，同时担负着农产品生产供给、乡村居民生活、生态环境保护和乡土文化传承等多重功能[3]。乡村地区占据我国陆地总面积一半以上，截至 2020 年 11 月，我国仍有约 36.11%（5.10 亿人）的人口居住在乡村地区[4]，其中包括 261.7 万个自然村和 52.6 万个行政村。

欧美等发达国家的工业化和城镇化时期早于我国，其乡村的发展已进入经济和生态相对稳定和均衡的阶段。我国正面临城镇化建设和工业快速发展阶段，快速城镇化过程带来许多问题，包括人口、经济、社会等各方面的问题和冲突[5]。近年来，中国乡村社会发展水平和居民经济消费能力不断改善，表征着乡村发展已进入崭新阶段。为满足乡村资源利用集约优化、产业发展集聚、农民居住集中等发展需求[6]，提高居民生活质量，推动乡村经济、生态、社会和文化融合发展，通过因地制宜和有序推进的方式引导乡村有序和可持续发展，已成为缩短城乡发展差距、乡村全面振兴的紧迫需求。

（3）乡村地区生态系统服务特征

生态系统服务包括供给服务、调节服务、支持服务和文化服务四个主要类型。首先，乡村地区生态系统供给服务是区别于其他类型生态系统服务的重要特征。粮食是经济社会发展的压舱石，粮食和蔬果生产主要位于广大乡村地区。作为全球农业大国，中国以仅占全球的 7.5% 的耕地面积满足了全球 19.1% 人口的粮食需求，为全球粮食安全、维护我国国民基本保障、以"粮安天下"的大国担当做出了巨大贡献。其次，乡村地区生态系统调节服务和支持服务可对我国"双碳"目标实现起到积极作用。我国的林地、湿地、草地等碳汇用地主要位于乡村地区，是碳吸收的重要生态用地。最后，生态系统文化服务可在培养乡村居民低碳意识、引导低碳行为方面起到重要作用。中国农业农村碳排放结构与碳达峰分析显示，乡村种植业碳排放量所占的比例较大，约占 50%；而居民生活碳排放的占比急速上升，2019 年占比为 30% 左右，农村居民生活碳排放主要来源于居民生活能源消费。面对新时期背景要求，乡村地区生态系统服务认知、评价和优化亟须新的发展目标指引。

1.1.2 研究目的

研究以乡村地区生态系统服务为研究对象，在健康、韧性、低碳视角下，构建乡村地区生态系统服务感知评价体系，并在山东省选择 46 个行政村为案例进行评价应用，根据调研和评价结果提出乡村生态系统服务优化策略，为我国乡村振兴和乡村治理提供理论指导和实践探索经验。研究目的主要包括以下三个方面：

（1）建构生态系统服务乡村居民感知评价体系

学界对生态系统服务评价已有丰富的理论和实践探索，但多集中在城市、区域等宏观尺度，或多以森林、流域等自然生态系统为评价对象，以客观数据分析为主要研究方法，少数以感知为测度方法的研究往往以风景名胜区或城市建成区内的公园为研究对象。整体来说，在乡村微观尺度、从乡村居民角度进行感知评价的研究较少。客观感知研究是对主观评价方法的重要补充，也是激发乡村居民内在驱动力的重要途径。因此，结合乡村地区生态系统服务特征、乡村居民认知水平，对感知评价体系进行构建、完善和优化。本研究拟从乡村居民健康、乡村经济社会发展韧性、乡村生产生活低碳三个维度，对乡村生态系统服务内涵进行科学、准确的再认知，更加精准地服务乡村治理和乡村规划设计。

（2）归纳山东乡村地区微观尺度下生态系统服务居民感知特征

不同类型的生态系统服务拥有不同的服务价值特征，即各类型生态系统在供给服务、支持服务、调节服务、文化服务方面发挥着不同价值的作用。如沼泽生态系统的文化科研、净化水质、维持生物多样性方面具有优势特征，城市中的河流生态系统以微气候调节、生物多样性维持、休闲游憩价值为主要特征，森林生态系统服务价值以水源涵养、生物多样性保护、固碳释氧为突出特征。乡村地区生态系统是林地、耕地、水体等自然生态系统与人类建设干扰的结合，有必要对其特征进行归纳和提炼，挖掘乡村居民对乡村生态系统服务的感知特征。

（3）基于村民感知角度提出乡村生态系统服务优化策略

乡村生态系统服务优化策略包括生态修复、生态廊道建设、植物多样性营造等从生态系统本身进行提升的方式方法，同样也包括村民对生态系统认知、保护理念、态度和行为方面的改善提升，两者结合可共同促进乡村生态系统服务水平和居民感知水平，进而促进生态系统和居民的互融互洽，有利于乡村生态环境的可持续发展。生态系统服务感知的研究过程是与乡村居民互动、沟通的过程，有利于提升乡村居民的生态环保意识，改善公众对生态系统服务的认知和态度。本研究拟通过调研和评价，探寻和总结基于居民感知的生态系统服务优化策略。

1.1.3　研究意义

对于县域等宏观尺度的生态系统服务，已有较多学者展开相关研究，而村域微观尺度下生态系统服务认知相对缺乏。为深入探究乡村生态系统服务人居视角下的作用机制，需要进一步进行微观尺度的乡村生态系统服务评价研究，可为村域尺度的村落布局、村落自然形态保持、生态系统服务提升和空间优化提供支持。

理论方面，充实以健康、韧性、低碳为导向的乡村生态系统服务评价研究内涵。生态系统服务评价是对生态系统提供的多种服务进行系统性、定量或定性的分析、评估和判断的过程。这一过程可深入了解生态系统对人类福祉和环境可持续性的贡献，帮助制定科学合理的资源管理和环境政策，不仅可深化对乡村生态系统服务的理论理解，还提供了全面而深入的分析视角，以便更科学地解析乡村生态系统在促进乡村居民健康、提高乡村社会经济韧性和实现低碳目标方面的贡献。融合社会发展新需求下的多维度视角可加强对乡村可持续发展的认知，同时也为相关政策和管理措施的制定提供理论基础和科学指导。

实践方面，从居民感知角度对乡村生态系统服务水平情况进行评估，有助于厘清乡村居民对生态系统服务依赖度和乡村居民主体的多层次影响因素，可为优化土地利用结构、改善乡村居民生态理念、实现乡村可持续发展提供参考依据，对落实乡村振兴措施、提升乡村居民福祉具有实践意义。乡村振兴包括经济、社会、生态和文化的多方位融合，要综合考虑可持续、逐步更新、多方利益主体等多元特征。引入社会参与和利益相关者的观点和需求，考虑村民群体对生态系统服务的感知和评价，地域性客观人居环境要素与主观感知反馈共同影响生态系统服务价值的发挥，可进一步确保评价的全面性和公正性。基于现阶段和未来社会发展时期对乡村生态系统服务的综合性认知，从生态系统服务和以人为本角度探索国家发展新需求下的乡村可持续发展路径，提出乡村空间规划优化策略与生态系统可持续发展路径，为我国乡村发展和治理提供参考。

1.1.4　研究内容

（1）乡村生态系统服务居民感知评价体系构建

通过梳理国内外有关乡村生态系统服务、生态系统服务感知评价、乡村居民健康、乡村社会经济发展评价、乡村低碳发展、生态系统服务优化等研究成果，以及实地调查乡村振兴等实践探索，确立和完善本研究的理论依据、研究框架、技术路线。着重界定乡村生态系统服务的概念内涵，从生态系统服务于居民健康、乡村社会经济韧性、乡村低碳促进和影响角度出发，遴选乡村生态系统服务评价的核心要素，构建村域尺度下乡村生态系统服务居民感知评价体系。

（2）乡村生态系统服务居民感知评价

将生态系统服务居民感知指标体系应用于实际。在山东省东部、中部和西部选择7个县域46个典型村域开展实证调研，使用问卷调查和半结构访谈的定性方法获取居民感知评价数据，用加权分析法量化和分析数据，得到村域尺度下乡村生态系统服务乡村居民评价结果。结合山东省东部、中部和西部的地形地貌特征，采用描述性分析法计算数据的集中性特征和波动性特征，用方差分析判断乡村居民的选择差异程度，从微观层面解析乡村居民对生态系统服务的感知和影响机制。

（3）基于感知结果的乡村生态系统服务优化策略

乡村生态系统服务提升是多个行为主体在多种驱动因子共同作用下行为选择的过程。本研究基于最主要的乡村主体——乡村居民的生态系统服务感知评价结果，结合山东乡村地区自然资源禀赋、主要粮蔬生产功能等特征，将生态系统中的林地、水系等自然要素，及对自然要素有促进作用的产业、政策等与优化策略相对应，提出可促进乡村居民内驱力、提升感知度的乡村生态系统服务优化策略。

1.2　概念界定

1.2.1　乡村

（1）内涵界定

《辞源》一书中对乡村的定义是指主要依赖农业、人口分布相对分散的地区[7]。一些外国学者提出了乡村的类似定义，如美国学者罗德菲尔德（Rodefeld）指出[8]，"乡村是人口相对稀疏、相对独立、以农业生产为主要经济基础、居民生活方式不同于城市，但某些方面相似的地方"。在英国的规划中，乡村被定义为一个涵盖自然景观、农业生产景观和村庄聚落景观的地区，乡村的概念更广泛，包含了自然环境[9]。中国政府主管部门对乡村的定义更偏重于物质建成空间，即乡村包括集镇和农村[10]。乡村可以根据是否具有行政含义来划分为自然村和行政村。自然村指的是村庄的实际存在，而行政村则指的是行政管理单位。一个大自然村可以包括若干个行政村，而一个行政村也可以包含数个小自然村。虽然国内外对乡村概念的理解和划分标准有一些差异，但它们都认同乡村的人口密度较低，居民生活方式和城市明显不同，聚居点分布相对分散，农业生产是主要经济基础，社会结构相对简单且相似，与城市的景观风貌差异较大。

乡村是人类重要的生产与生活空间。与城市相比，人类对乡村空间的生产、生活的利用形式与城市有着明显的不同。对于乡村而言，其农产品生产功能、生态环境保护功能、历史文化传承功能是区别于城市的关键。由于乡村和城市有着相似的特征，故本研究将乡村（rural area，village 或 country）与城市进行比较理解，对于"乡村"的内涵做如下阐释：

① 乡村和城市的本质聚居功能相同[11]。作为人类聚居的场所，乡村和城市在本质上都是人类住区（Human Settlement）。在人类产生的初期，乡村一直是人类主要的聚居形式。因不同的地域和气候条件，不同的社会和文化氛围，不同的手工业和商业发展类型和速度，以及不同的产业发展方向等，有的乡村吸引了更多的人群和产业，城市缓慢形成，且城市和城市之间、城市和乡村之间、乡村和乡村之间形成了分化。

② 乡村和城市相互融合构成一个大系统，两者之间有着紧密的联系，且都是这个大系统中的要素。城市是一个更加复杂的复合系统，而乡村系统较为简单。通过对两个系统中要素的有效调控，可以达到城乡之间相辅相成、互相促进的人类住区可持续发展的最佳模式。其中，乡村系统的内部构成虽相对简单，但该系统的作用却非常重要，它是一个介于城市系统和自然生态系统之间的缓冲系统，其半人工半自然的特征可以调控城市和自然之间的平衡。

③ 乡村和城市这两个系统之间是开放的和流动的，不是封闭的和静止的。随着社会经济的发展，这两者之间的交互关系越来越紧密，不仅包括实际空间上的边界和形态交融，还包括能量、物质、信息等各方面的流动。

乡村的功能已经更加多元和复合，因此当今学者开始这样定义乡村：乡村除了基础的农民聚居和农业生产功能，还具有工业生产、交通物流、商业、服务业等功能，在逐渐发展中已成为较成熟的聚居整体；乡村的本质仍然是人类聚居的一种形式，人类仍然是其主体，乡村依然包含社会和文化等要素；乡村还包括空间要素，即各种功能的承载载体。整体来说，乡村是包括社会经济特征和自然生态功能的地区综合体。

（2）乡村和村庄的内涵差异

"乡村"和"村庄"这两个定义在内涵上存在区别。"乡村"是一个更为宽泛的、综合性的地域概念，通常指的是农村地区，包括了一个或多个村庄，以及周边的农田、林地等自然景观。既包含农田和农村居民点，也包括自然环境和农业生产等要素。乡村通常包括多个村庄，共同形成一个相对大范围的农村地区。

"村庄"则更具体，是指一个相对小规模的居民聚居区，通常由若干户人家组成。村庄是乡村的组成部分，具有一定的社会和行政功能。村庄一般是乡村居民农业生产和生活的中心，有时也包含基础设施和公共服务设施。

总的来说，在学界相关研究中，"乡村"是一个更大的地理概念，多强调为一个更广泛的农村区域，更多地强调区域性和自然环境；而"村庄"是乡村中的一个具体居民点，更强调一个具体的、人类居住的小型聚落，侧重于社区和生活在其中的居民。因地域和文化背景不同，这两个词语的使用有时也存在差异。

（3）乡村类型

因"乡村"内涵包含的要素较广泛，既需要考虑村庄的类别，也需要考虑村庄所在地理地貌特征的类型，目前学界对"乡村"分类没有明确的阐释。本研究的乡村类型参照"村庄"的分类进行讨论。早期村庄的经济活动和聚落形态及分布受自然资源、气候环境的影响较大，导致村庄地域系统在不同资源环境的地区具有明显差异性，在不同地区形成不同结构和功能的村庄类型。后期村庄的发展类型同样受较多因素影响，除了地理环境、气候气象、自然资源等自然因素，还包括人口规模、民俗文化等人文因素，地理位置、交通网络和产业结构等经济因素，以及政策法规等政治因素。村庄的类型特征受多重因素影响，决定了村庄类型划分标准具有多维特征，是以一种因素为主导，还是兼顾多重因素，很难统一。学术界和实践领域通常采用不同的分类方式，根据研究和划分目的来选择划分标准（表 1.1）。目前较为常用的村庄分类研究多从产业经济的角度对村庄类型进行划分[12]。

表 1.1　主要的村庄分类方式

村庄建设角度	地形地貌	村庄形态	产业经济角度	人口规模	区位	社会结构
城郊融合类 城镇现状建设区以外、城镇开发边界以内的村庄	平原村	散点式	**农业主导型** 包括传统耕作村、经济作物村、传统养殖村、林业村、牧业村、手工业村等	**小集村** 人口数 160 人以下	城中村	宗族型
拓展提升类 现有产业基础较好、生态环境较好、村庄规模较大、位于交通干线或旅游线路沿线的村庄	山地村	街巷式	**工业主导型** 矿产加工村、木材加工村、农副食品加工村、酒水茶叶加工制造村等	**中等村** 人口数 160～1000 人	城郊村	户族型
特色保护类 历史文化名村、传统村庄和自然景观特色、生态功能突出的村庄	丘陵村	组团式	**商旅服务业主导型** 仓储物流村、观光游憩村、专业市场村、新兴产业村等	**大型村** 人口数 1000 人以上	远郊村	小亲族型
整治改善类 产业基础薄弱、人口外流和空心化现象严重、生产生活条件较差的村庄	滨湖村	图案式	—	—	偏远村	家庭型

村庄建设角度	地形地貌	村庄形态	产业经济角度	人口规模	区位	社会结构
拆迁撤并类 产业基础薄弱、位于深山荒芜区、地质灾害区、生态保护区和河滩受淹区的村庄	沿海村	—	—			

资料来源：根据参考文献［13］绘制。

以农业为主导型村庄[13]的数量在我国占比较高，对自然资源的依赖度较高，大多数存在较为严重的人口流失和老龄化现象，受地形地貌、自然气候、自然资源等自然因素，人口规模、民族文化等人文因素，区位交通等经济因素影响较为显著。本研究选择农业主导型村庄为研究对象，不包括传统村落、工业和商旅服务业主导型村庄及合村并建后的村庄。

（4）乡村居民特征

乡村居民作为乡村系统的重要组成部分，理解其社会和生活特征有利于从乡村居民特有的意识观、利益观以及行为特征等视角研究乡村可持续发展的可行路线。乡村居民和城市居民有着不同的社会属性，由于乡村居民在血缘方面的密切联系，并且有着相对开放的邻里互动关系，所以与城市居民相比，乡村居民之间有共同的意识和利益、有着更密切的社会交往[14]，即在地域（空间）、人口（社会）、文化和地缘感（关系）[15]方面有着较强的关系。与城市居民相比，乡村居民的生活特征还表现为基本物质自给性强、生活水平低、生活节奏慢、社会同质性高、与自然互动频繁、更强的社群感。

乡村是由一个或一个以上的自然村落或行政村落组成的，在一定地域空间内、有相近文化传统和社会关联的人群形成的聚落空间，是相互调节、相互合作形成的利益共同体。规划者既需要具备空间规划与实践的技能，在管理和政策落实层面也需要掌握社会协商与动员策略，才能将上级政策与地方实践有机结合，有效推进乡村规划建设和居民生活品质提升[15]。刘佳燕[16]、赵永琪[17]等学者认为乡村具有相对完善的社会结构体系，居民的地缘关系、邻里关系尤为密切。韩国学者 Lee Cha-Hee[18] 认为，了解居民意愿、鼓励居民自己经营乡村、维持居民对地方景观的责任，才能真正推动乡村振兴。因此，面对乡村建设发展不平衡、资金需求大、发展后劲不足等现实问题，通过自上而下与自下而上的力量整合，推动居民自治的积极性，挖掘共同缔造的原动力，可有效推进乡村生态系统可持续发展和全面提升。

1.2.2 乡村生态系统服务

（1）生态系统服务

生态系统服务（Ecosystem Service，ES）的定义受到了多位学者、多个组织的不同观点影响（表1.2）。R. Costanza 等学者[19] 将生态系统服务定义为人类从自然生态系统中获得的直接或间接的利益和价值。D. Daily[20] 则将其视为自然生态系统或生物物种维护和满足人类生活需求的状态和过程。De Groot 等学者[21] 则强调了生态系统与人类社会之间的紧密联系及其重要性，因为它可为人类提供多样性和综合性的服务。联合国《千年生态系统评价报告》（Millennium Ecosystem Assessment，MA）提供了目前被广泛认可的定义，将生态系统服务定义为"生态系统服务是指生态系统提供给人类社会的各种好处"[22]，这不仅包括了有形服务，如物质生产和资源供给，还包括了无形服务，如休闲娱乐、文化历史价值等。这些生态系统服务对于人类社会的生存和发展具有至关重要的环境基础。在20世纪90年代末，中国也开始了生态系统服务相关研究，国内学者欧阳志云[23] 和谢高地[24] 对生态系统服务概念内涵、分类和评价方法进行了介绍和研究，并对生态系统服务理论知识进行了拓展与实践。

表 1.2　生态系统服务概念定义梳理

定义	概念来源	发表时间
生态系统服务是人类总体直接或间接地从生态系统功能中获得利益	Costanza[25]	1992
生态系统服务是自然生态系统或物种用于构成、维持和满足人类生活的状态和过程	Daily[20]	1997
生态系统服务功能是指生态系统与生态过程所形成及所维持的人类赖以生存的自然环境条件与效用	欧阳志云[26]	1999
指通过生态系统的功能直接或间接得到的产品（如食物、原材料）和服务（如废弃物同化）	谢高地[24]	2001

定义	概念来源	发表时间
通过自然过程及其组成成分的能力直接或间接地提供满足人类需求的产品和服务	De Groot[21]	2002
人类直接或间接从生态系统中获取的惠益即生态系统服务	MA[27]	2005
生态系统可利用的各部分（主动或被动）产生人类的福利	Boyd[28]	2007
大自然给家庭、社区和经济带来的利益	Fisher[29]	2009
生态系统结构和功能贡献与其他对人类福利相结合投入	Burkhard[30]	2012

资料来源：根据参考文献绘制。

　　国内外学者们对生态系统服务的分类也展开了大量研究。2005 年，MA将生态系统服务功能划分为供给服务、调节服务、文化服务、支持服务 4 个一级分类，30 个二级分类以及 37 个三级分类[31]。这是目前学术界使用最广泛的分类方法。其中供给服务包含食物生产、水源和能源供给等；调节服务包含气候调节、水源涵养、雨洪调节等；支持服务包括生物多样性维护、土壤形成和保持、养分循环、生态系统结构维护、水循环等；文化服务则包含美学价值、文化认同、精神价值、休闲娱乐等。例如，森林生态系统可提供木材和纤维供给服务、碳储存和气候调节服务、生态多样性维护等服务；农田和耕地可为人类生存提供食物供给、土壤保持、生物燃料、生态景观、经济支持等服务；水域、滩涂和灌草地则可提供水资源供应、水质净化、栖息地供应等服务[32]。由表 1.3 可见，不同的分类体系在具体指标描述上存在一定差异，但大致都可与 Costanza 等人提出的分类相匹配，并可以根据《千年生态系统评价》的分类方法将其概括为四大类服务，即供给服务、调节服务、支持服务和文化服务[28]。

表 1.3　主要的生态系统服务分类体系

MA[22]	Costanza[19]	De Groot[21]	Daily[20]	欧阳志云[26]	张彪[33]
供给服务 食物、水资源、原材料、遗传资源	食物生产、水供给、原材料、基因资源	**生产服务** 食物、原材料、基因资源、医药品	物品生产过程 食物、动植物产品、药材	**直接利用价值** 食品、医药、工农生产原料、娱乐	**物质产品** 生产生活资料

MA[22]	Costanza[19]	De Groot[21]	Daily[20]	欧阳志云[26]	张彪[33]
调节服务 气候管理、自然灾害控制	气体调节、气候调节、干扰调节、水调节、废物处理、控制侵蚀	**调节服务** 大气调节、气候调节、水调节、干扰控制、土壤保持、土壤形成、养分调节、生物控制	**物品再生产过程** 空气和水净化、病虫害控制、维持海岸线	**间接利用价值** 自然资源、物质循环、土壤肥力、维持大气稳定	**生态安全维护** 生态安全、大气安全、水安全、土壤安全、生物安全
支持服务 土壤形成、养分循环	土壤形成、养分循环、栖息地	**生境服务** 生境地保存、繁殖地保护	**选择性维持** 维持生态组分和体系	**存在价值** 物种多样性、水源涵养	—
文化服务 审美、精神、娱乐	休闲、文化	**信息服务** 美学信息、消遣娱乐、文化、精神、科教	**生活满足功能** 审美、文化教育、精神	**选择价值** 人们为生态系统服务的支付意愿	**景观文化承载** 美学、景观、文化、知识

资料来源：根据参考文献整理绘制。

2008 年，Costanza 等学者[34] 提出了一种新的分类方法，基于服务供给与享用的空间特征将生态系统服务分为以下 5 个类别：① 全球范围的服务，这些服务是在全球范围内提供的，人类对其的享用不依赖于与服务的距离接近程度，例如气候调节（包括碳沉积和碳储存）；② 局部范围邻近的服务，这些服务的享用依赖于与服务的距离接近程度，例如暴风雨防护；③ 与直接流动相关的服务，这类服务从服务的生产点流动到使用点，例如水供应；④ 原位服务，这些服务的产生和享用发生在同一地点，例如原材料的生产；⑤ 与使用者运动相关的服务，即人们通过运动朝着特定自然特征前进来享用服务，例如文化和美学价值。这一分类方法强调了生态系统服务的产生和受益者与特定的空间位置相关联。

（2）乡村生态系统服务

乡村生态系统服务兼具经济、文化、社会、生态和美学等多重价值[35]，因不同地域乡村的自然资源、气候特征、文化内涵等的不同，可反映出不同地域乡村的生态系统服务特征。本书中的生态系统服务指乡村地区的自然生态子系统为人类所带来的裨益，其原位服务，即直接服务对象为乡村居民。了解乡村居民对生态系统服务的需求和满意度是提升乡村生态系统服务的重要前提，可为实现乡村振兴和美丽乡村建设提供重要参考。

1.2.3 生态系统服务居民感知

感知是心理学、神经科学和认知科学等学科中的专业术语，指的是人类和动物如何感知、感知过程的生理机制、感知与认知之间的关系以及感知如何影响行为和思维等方面的研究。感知是指通过感觉器官（如视觉、听觉、触觉、嗅觉和味觉）和大脑对外部世界或内部状态的认知和感知过程[36]。这是一个广泛的心理和生理过程，包括认知、解释、识别和理解外部刺激以及个体对这些刺激的反应。感知有助于人们对环境进行认知、交流、学习和适应。它是知觉、思考和行为的基础，其研究对于理解人类认知和行为的基本机制非常重要。

目前学界对"生态系统服务感知"并无统一的概念界定，诸多学者在研究中对感知要素的选择结合了各自的研究领域、研究目的及兴趣点，相关文献的关键词除了"生态系统服务感知"[37]，还包括"生态感知""环境感知"或"景观感知"[38]"生态景观感知""公众感知"[39]"等，虽然诸多名称存在区别，但所表征的含义近似，多数以生态系统服务的四类服务为感知对象进行研究，同时也结合各自研究领域，加入了景观、环境、空间等各方面要素。人类作为生态系统的重要组成部分，从社会角度出发的感知研究能够了解和明晰公众对生态系统服务的实际需求，进而实现更有效的生态系统服务整合。将感知因子进行分类梳理后，总体来说可分为偏向于生态系统服务、偏向于生态承载空间环境、偏向于景观要素等三方面内容。

本书研究的生态系统服务感知（ecological service perception）指乡村居民为主体的人群对生态系统服务的感受、认识及态度，是将客观的生态服务集经由人的感知系统，综合自身的意象重现和知识分析，转化为对生态系统服务水平的看法、态度及偏好。感知主体为生活在乡村地区中的个人，感知对象是乡村自然生态系统提供的各种服务。最终感知结果体现在居民对生态系统服务带来的经济、文化、环境等方面惠益的认知。整个生态系统服务感知过程是在个人知识、经验、兴趣等因素影响下对事物的整体反映，受教育背景、生活经验、家庭收入、生态环境资源等因素的影响。

1.2.4　相关概念辨析

1.2.4.1　生态系统

"生态"这个词的起源可以追溯到希腊语 Oikos（家、居所、居住地，house，dwelling place，habitation）。"生态学"（Ecology）概念由德国生物学家 E. 海克尔（Ernst Haeckel）于 1866 年首次提出，并将其阐释为"生物与其外部环境相互关系的科学"[40]。自 20 世纪 70 年代以来，生态学的研究范围已经扩展，不仅涵盖了生物个体、种群和生物群落，还包括了多种类型的生态系统，其中也包括人类社会中的主要问题，如人口、资源、环境等方面的多个问题。

生态系统（ecosystem）这一术语最早由英国生态学家 A.G. 坦斯利（Arthur George Tansley）于 1935 年提出，他从物理学的角度明确提出了其概念[41]，认为生态系统是"有机体（生物）和无机体（物理环境）的复杂物理组成系统"。生态系统的提出拓宽了人们的思维，其贡献在于将生态学的注意力从单一物种或个体的研究解脱出来，转向了更大范围的生态系统研究，即研究实体之间的相互作用和外部因素对实体的影响。1971 年，美国生态学家 E.P. 奥德姆（Eugene Pleasants Odum）提出了对生态系统的新定义，这个定义强调了生态系统的能量流动和生态学的系统性特点。即生态系统是"一个生态功能单元，由生物和非生物组分组成，在一定空间内通过物质循环、能量流动和信息交换而相互作用、相互依赖"。美国植物学家 Fosberg 等也提出了类似的生态系统定义。随后，美国生态学家 R. L. 林德曼（R. L. Lindeman）等通过定性和定量分析方法研究了生态系统的特征，特别对能量流动方面进行了深入研究[42]。他提出的"能量金字塔"概念对生态系统的结构和功能提供了深刻的理解。目前，生态系统通常指的是生物和非生命环境组成的综合整体，在这个整体中生物和环境相互影响、相互制约，并在一定时间内维持相对稳定的动态平衡状态。

1.2.4.2　乡村生态系统

乡村生态系统（Rural ecosystem）是指位于乡村地区的生态系统。在这个生态系统内，生物和非生物要素相互联系、相互制约，通过物质和能量交换相互作用。学者普遍将其视为自然、社会和经济等因素相互作用的综合体，这些因素包括人类社会、经济活动、文化等，以及自然资源、生态环境等。即该生态系统同时具有自然生态的一些特征，也具有鲜明的人类影响特性，由人类活动以及生态过程的交互作用而形成，包括了不同类型的土地利用，例如农田、森林、湖泊、河流、山地和自然保护区等。这些不同类型的土地利用共同构成乡村生态系统。维持乡村生态系统健康结构是实现乡村生态系统良性循环、保持较高生产力、控制和改善系统生态问题的前提和关键。

乡村生态系统最初起源于自然生态系统，随着人类活动的不断改变和演化，经历了原始社会、奴隶社会、封建社会等历史时期，逐渐从最初的部落演化为具有多重功能的基本行政单元，包括生产、生活、生态保护、文化传承等多个方面。乡村的性质和功能也发生了重大变化，使其成为我国生态建设的重要对象[43—45]。

乡村生态系统包括自然生态系统，但又因人类的干预和改造而与自然生态系统有所不同，是一种半自然、半人工的开放性生态系统[45]。从社会生产力的发展阶段来看，它可以被看作是自然生态系统和城市生态系统之间的中间形态。总之，乡村生态系统是一个由自然和人类相互作用组成的复杂系统，在支持农业、维护生态平衡、提供资源和支持人类生活等方面发挥着重要作用，对它的研究需要考虑地理、生态学、社会和经济等多学科因素。

1.2.4.3 景观感知和生态感知

（1）景观感知

景观即"一个区域的总体特征"，从 C. O. 索尔（Carl O. Sauer）的研究贡献来看，景观是人和时间对一个区域共同作用的结果，是自然和人文因素的综合体，景观感知是景观的信息被人接收并由此形成认知的过程。景观感知内容的研究主要包括以下几个方面：

第一，景观价值的感知。景观有多个价值维度，价值的感知需要主体的识别与判断，不同的人对相似的景观往往会有不同的感知，由此，学者针对不同群体提出假设，并进行实证检验。同时，为了凸显区域间的感知差异，将感知结果投射到实体空间是有效的方法。第二，景观特征的感知，从两种方向上展开，一是构建指标体系，识别"景观文化基因"。这一概念由学者刘沛林提出，后被众多国内学者所借鉴。二是描述景观特征。第三，景观评价与态度感知，重点在于如何量化人的主观评价，学者们利用瑟思顿态度比较评价模型、IPA 分析法等进行了尝试。第四，景观感知的差异对比，主要从两个视角进行了比较，即感知客体——景观与感知主体——人。

将感知的客体对象再具体化一些，即景观感知指个体对周围环境、自然或人工景观的感知和体验，涉及人们对周围环境的主观认知、情感体验以及对景观特征的理解。景观感知的途径主要包括视觉感知、听觉感知、情感体验和认知、运动和行为选择等。景观感知的主要对象包括景观环境中的各种要素，比如植被、地形、水体、景观构筑物、空间开敞度、各种材质的质感和纹理。研究内容主要包括以下几个方面：① 视觉感知，即通过视觉感知周围的环境，包括对景观的颜色、形状、纹理等视觉元素的感知，以及对景观空间和结构的理解。② 听觉感知，人们可能通过听到的自然声音、风吹树叶的声音或水流声等来感知景观。听觉感知可以增强景观的全面体验。③ 情感体验和认知，景观感知涉及人们对周围环境的情感体验，如喜爱、舒适、宁静、激动等。这些情感体验与个体的文化背景、经验以及对环境的个体化认知有关。个体通过感知环境来认知和理解周围的景观，包括对景观元素的辨识、对景观结构和空间关系的理解，以及对景观历史和文化内涵的认知。④ 运动和行为，个体在环境中的景观感知可影响其运动和行为的选择，行走、骑行或驾驶等活动方式也会改变个体对景观的感知和体验。

景观感知的影响因素包括文化和社会因素、时间因素等。个体的文化和社会背景对景观感知有着重要影响。文化因素包括个体对景观符号、象征和传统的理解，社会因素包括与他人分享感知体验、社会期望等。景观感知不是静态的，它随着时间的推移而变化。不同的季节、时段和天气条件都可能影响个体对景观的感知。

总体而言，景观感知是一个多层次、多感官、主观而又复杂的过程，受到个体感知机制、文化认知、情感体验等多方面因素的影响。研究景观感知有助于深入理解人与环境之间的关系，为景观设计、规划和保护提供有益的参考。

（2）生态感知

生态感知是指个体对自然环境及其生态系统的感知和认知。这一概念涉及个体对自然、生态环境的主观体验、认知和情感。生态感知的内涵主要包括以下几个方面：① 自然要素感知：个体通过感知自然元素，如植被、水体、地形地貌等，来认知和体验生态环境，包括对自然景观的颜色、形状、纹理等感知。② 生态系统服务感知：如生物多样性、空气清新度、水质状况感知等方面，环境领域的学者也称这部分为环境质量感知，个体可以通过感知环境质量来判断生态系统的健康状况。③ 生态问题认知：生态感知还涉及对生态问题的认知，包括对环境污染、物种灭绝、气候变化等问题的了解和关注。

生态感知是个体与自然环境互动的重要方面，它既关乎对自然界的感知和理解，也涉及对环境问题的认知和参与。研究生态感知有助于深入理解人与自然之间的关系，为生态保护、可持续发展提供有益的参考。

（3）生态系统服务感知、环境感知、生态感知辨析

三类感知的要素互相交叉，其中因生态系统服务的定义较为清晰，故生态系统服务感知一般指人类对供给、支持、协调、文化四大类服务的感知。环境感知的要素更为广泛，除了包括生态系统服务感知，也包括人工环境要素的感知。生态感知的对象既包括生态系统服务感知，也包括自然要素本身的属性特征感知。

1.3　国内外相关研究进展

1.3.1　乡村生态系统服务的知识图谱

随着对生态系统服务、乡村人居环境等研究和实践在全球范围内的广泛推进，逐渐形成了丰富的理论研究成果。本研究使用 Cite Space 对乡村生态系统服务的相关文献进行知识图谱可视化分析，深度解析相关研究的历史脉络，识别重要文献、研究热点和前沿，发现亟待完善的领域和核心的科学问题。

Cite space 是美国德雷塞尔大学（Drexel University）陈超美教授研发的学术文献信息可视化分析软件，适用于处理大量的文献数据，已广泛应用于分析学科前沿的变化趋势，解析知识基础之间的复杂、多元、动态的网络关系。本书针对乡村生态系统服务文献数据进行词频、聚类、热点以及突现词分析，实现对乡村生态系统服务研究领域的发展脉络梳理，识别核心学者、机构和重要文献，全面体现该领域的研究状况[46]。

研究使用 Web of Science 核心合集数据库（www.webofscience.com）对乡村生态系统服务研究进行检索。通过"主题（Topic）"检索，检索条件为"ecosystem service"和"rural OR village"，检索日期为 1985—2023 年，文献类型选择论文和综述。得到文献 3644 篇，其中期刊论文 3416 篇，文献综述 228 篇。

1.3.1.1　时空知识图谱与分析

（1）乡村生态系统服务研究的时空分布图谱

从 Web of Science 导出文献数据并导入 Cite space，得到各年度发表文献数量（图 1.1）。从 2007 年开始，乡村生态系统服务的相关研究呈稳定上升趋势，并于 2022 年达到峰值（由于数据提取时间为 2023 年 9 月，未包括 2023 年全年的数据）。总之，学界关于乡村生态系统服务的关注度一直保持上升趋势。

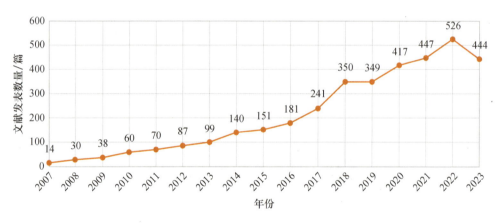

图 1.1　乡村生态系统服务研究年度文献发表数量统计图
资料来源：作者自绘。

施引文献（Citing Articles）是引用目的文献的文献，通过分析施引文献的发展，可以了解研究的前沿动态和发展方向，以及哪些机构、国家更加关注该领域的研究。根据施引频次数据可见，施引文献的作者主要分布在美国、中国、英国、德国、西班牙、澳大利亚等国家。另外，点度中心性越大就意味着这个节点（国家或机构）的中心性越高，该节点在网络中就越重要。由施引文献网络的点度中心性可见，重要节点国家主要有美国、德国、英国、新西兰、澳大利亚和法国等国家（表 1.4，图 1.2）。紫环代表中介中心性，与点度中心性不同，中介中心性是指一个节点担任其他两个节点之间最短的桥梁的次数，带有紫环的节点表明其具有高中介中心性，通常为两个不同领域的关键枢纽。图 1.2 中，美国、德国、英国、澳大利亚和法国具有高中介中心性。

表 1.4　施引文献所在国家（地区）前 20 统计表

序号	频次	作者所在国家（地区）	点度中心性	作者所在国家（地区）
1	761	美国（USA）	84	美国（USA）
2	761	中国（PEOPLES R CHINA）	78	德国（GERMANY）
3	385	英格兰（ENGLAND）	76	英格兰（ENGLAND）
4	355	德国（GERMANY）	75	荷兰（NETHERLANDS）
5	273	西班牙（SPAIN）	72	澳大利亚（AUSTRALIA）
6	246	澳大利亚（AUSTRALIA）	71	法国（FRANCE）
7	233	意大利（ITALY）	63	西班牙（SPAIN）
8	204	荷兰（NETHERLANDS）	62	意大利（ITALY）
9	182	法国（FRANCE）	60	苏格兰（SCOTLAND）
10	160	加拿大（CANADA）	60	比利时（BELGIUM）
11	152	印度（INDIA）	54	瑞士（SWITZERLAND）
12	139	巴西（BRAZIL）	54	挪威（NORWAY）
13	138	南非（SOUTH AFRICA）	53	瑞典（SWEDEN）
14	130	瑞典（SWEDEN）	53	加拿大（CANADA）
15	114	印度尼西亚（INDONESIA）	50	肯尼亚（KENYA）
16	108	日本（JAPAN）	50	印度尼西亚（INDONESIA）
17	103	瑞士（SWITZERLAND）	48	丹麦（DENMARK）
18	96	比利时（BELGIUM）	46	芬兰（FINLAND）
19	77	丹麦（DENMARK）	45	奥地利（AUSTRIA）
20	77	墨西哥（MEXICO）	44	南非（SOUTH AFRICA）

资料来源：作者自绘。

从频次来看，施引文献作者所在的主要机构包括中国科学院，国际农业研究磋商组织，瓦赫宁根大学与研究中心，中国科学院大学，法国国家农业、食品与环境研究院，中国科学院地理科学与资源研究所，加利福尼亚大学系统等。从施引文献网络的点度中心性来看，重要的施引文献节点机构与上述机构基本重合，主要包括国际农业研究磋商组织，加利福尼亚大学系统，法国国家农业、食品与

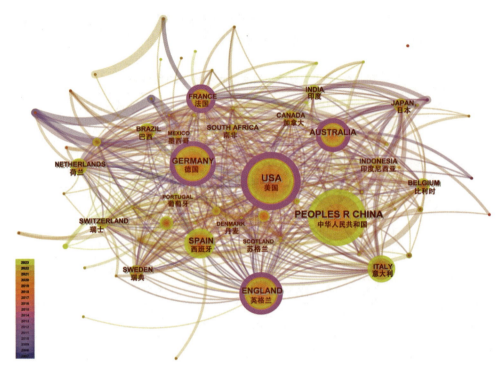

图 1.2　施引文献作者国家（地区）合作图谱

环境研究所，瓦赫宁根大学与研究中心、瑞典农业科学大学、法国国际农业合作
研究与发展中心等机构（表 1.5，图 1.3）。

表 1.5　施引文献作者所在机构前 20 统计表

序号	频次	作者所在机构	点度中心性	作者所在机构
1	217	中国科学院 Chinese Academy of Sciences	88	国际农业研究磋商组织 CGIAR
2	133	国际农业研究磋商组织 CGIAR	78	加利福尼亚州大学系统 University of California System
3	95	瓦赫宁根大学与研究中心 Wageningen University & Research	70	法国国家农业、食品和环境研究所 INRAE
4	84	中国科学院大学 University of Chinese Academy of Sciences	69	瓦赫宁根大学与研究中心 Wageningen University & Research

序号	频次	作者所在机构	点度中心性	作者所在机构
5	78	法国国家农业、食品和环境研究所 INRAE	66	瑞典农业科学大学 Swedish University of Agricultural Sciences
6	75	中国科学院地理科学与资源研究所 Institute of Geographic Sciences & Natural Resources Research	62	法国国际农业合作研究与发展中心 CIRAD
7	71	加利福尼亚大学系统 University of California System	60	国际林业研究中心 Center for International Forestry Research（CIFOR）
8	64	法国国际农业合作研究与发展中心 CIRAD	57	中国科学院 Chinese Academy of Sciences
9	63	国际林业研究中心 Center for International Forestry Research（CIFOR）	54	德国赫姆霍兹联合会 Helmholtz Association
10	63	北京师范大学 Beijing Normal University	51	哥廷根大学 University of Gottingen
11	61	瑞典农业科学大学 Swedish University of Agricultural Sciences	51	德国赫姆霍兹环境研究中心 Helmholtz Center for Environmental Research（UFZ）
12	58	美国农业部 United States Department of Agriculture（USDA）	49	剑桥大学 University of Cambridge
13	56	法国国家科学研究中心 Centre National de la Recherche Scientifique（CNRS）	48	美国农业部 United States Department of Agriculture（USDA）
14	51	中国科学院生态环境研究中心 Research Center for Eco-Environmental Sciences（RCEES）	48	法国国家科学研究中心 Centre National de la Recherche Scientifique（CNRS）
15	42	哥廷根大学 University of Gottingen	48	瑞士联邦理工学院 Swiss Federal Institutes of Technology Domain

序号	频次	作者所在机构	点度中心性	作者所在机构
16	41	斯德哥尔摩大学 Stockholm University	47	斯德哥尔摩大学 Stockholm University
17	40	哥本哈根大学 University of Copenhagen	45	巴黎农业科技大学 AgroParisTech
18	39	巴塞罗那自治大学 Autonomous University of Barcelona	44	巴塞罗那自治大学 Autonomous University of Barcelona
19	39	德国莱布尼茨农业景观研究中心 Leibniz Zentrum fur Agrarlandschaftsforschung （ZALF）	44	德国莱布尼茨农业景观研究中心 Leibniz Zentrum fur Agrarlandschaftsforschung （ZALF）
20	39	德国蒙彼利埃大学 Université de Montpellier	42	生物多样性联盟和国际地球科学联盟 Alliance Bioversity & CIAT

资料来源：作者自绘。

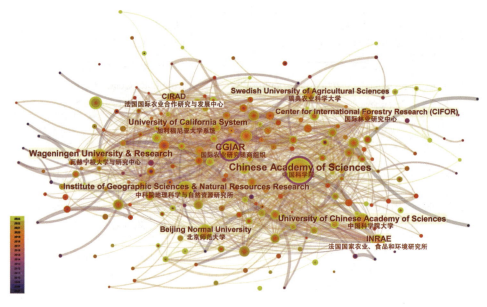

图1.3　施引文献作者研究机构合作图谱

资料来源：作者自绘。

注：带有紫环的节点表明该机构中心性不低于0.1，节点的不同颜色代表不同年份，节点大小代表施引频次。

整体而言，乡村生态系统服务的研究主要集中在美国、中国以及英国、德国、西班牙等国家。由频次可见，中国学者和机构在施引文献量上有较大优势，但由点度中心性可见，文献的影响力尚不突出。

（2）乡村生态系统服务研究的聚类与发展脉络

频次高、中心性强的关键词和主题，可以体现一段时间内研究学者共同关注的领域。通过对文献关键词和主题的聚类分析，乡村生态系统服务的研究主要关注生态系统服务支付、生态系统文化服务、城镇化、土地利用变化、可持续发展和社会生态系统等领域（图1.4）。从时间轴来看，2007年以来，乡村生态系统服务的研究比较多元化，分布较广泛。

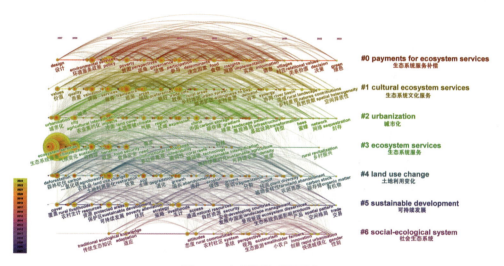

图1.4 文献聚类时区图谱
资料来源：作者自绘。

注：图中的每一个圆圈代表一个关键词，该关键词是在本研究分析的数据库中首次出现的年份。如果后来的年份又出现了该关键词，那么该关键词会在首次出现的位置频次加1，出现几次，频次就增加几次。连线代表关键词之间的联系。

1.3.1.2 内容知识图谱与分析

（1）乡村生态系统服务的研究热点

文献、作者的共被引频次越高、中心性越强，代表着该文献在学界的影响力越大，也体现该领域的主要关注方向。文献共被引分析（Cited reference）和作者共被引分析（Cited author）的聚类数据显示，2005年以来，学界对乡村生态系统服务的研究更为关注生态系统服务支付、乡村规划等，2014年之后比较关注农牧交错带、生态绿带、传统生态智慧、生态系统服务的供需平衡，以及中国乡村生态系统服务等问题。

文献共被引分析的结果表明，在过去近20年乡村生态系统服务领域的研究中，R. Costanza、J. Bongaarts、S. Díaz、U. Pascual等学者的研究得到了广泛关注，排名前20的文献包括19篇学术论文、1本图书。此外，20篇文献中，近7年（2017—2023）的文章占据了9篇，表明乡村生态系统服务领域的研究近年来得到了持续关注（表1.6，图1.5，图1.6）。

表 1.6　共被引频次前 20 的文献统计表

序号	共被引频次	点度中心性	作者	发表年份	刊物	卷	DOI
1	63	24	Costanza R	2017	《生态系统服务》 *Ecosystem Services*	V28	10.1016/ j.ecoser.2017. 09.008
2	55	8	Bongaarts J	2019	《人口与发展评论》 *Population and Development Review*	V45	10.1111/ padr.12283
3	52	33	Díaz S	2018	《科学》 *Science*	V359	10.1126/ science. aap8826
4	47	12	Costanza R	2014	《全球环境变化》 *Global Environmental Change*	V26	10.1016/ j.gloenvcha. 2014.04.002
5	43	26	Pascual U	2017	《环境可持续发展前沿》 *Current Opinion in Environmental Sustainability*	V26-27	10.1016/ j.cosust.2016. 12.006
6	41	11	Ouyang Z	2016	《科学》 *Science*	V352	10.1126/ science.aaf2295
7	39	18	Díaz S	2015	《环境可持续发展前沿》 *Current Opinion in Environmental Sustainability*	V14	10.1016/ j.cosust.2014. 11.002
8	38	22	Oksanen J	2022	《素食者的生态社区》 *Vegan: Community Ecology Package*	—	书籍

序号	共被引频次	点度中心性	作者	发表年份	刊物	卷	DOI
9	36	30	Plieninger T	2013	《土地利用政策》 *Land Use Policy*	V33	10.1016/ j.landusepol. 2012.12.013
10	36	9	Angelsen A	2014	《世界发展》 *World Development*	V64	10.1016/ j.worlddev.2014. 03.006
11	34	29	Baró F	2017	《生态系统服务》 *Ecosystem Services*	V24	10.1016/ j.ecoser.2017. 02.021
12	32	24	Chan KMA	2016	《美国国家科学院院刊》 *Proceedings of the National Academy of Sciences*（*PNAS*）	V113	10.1073/ pnas.1525002113
13	31	29	Daniel TC	2012	《美国国家科学院院刊》 *Proceedings of the National Academy of Sciences*（*PNAS*）	V109	10.1073/ pnas.1114773109
14	29	31	Bryan BA	2018	《自然》 *Nature*	V559	10.1038/ s41586-018- 0280-2
15	29	29	Bennett EM	2015	《环境可持续发展前沿》 *Current Opinion in Environmental Sustainability*	V14	10.1016/ j.cosust.2015. 03.007
16	29	16	Liu YS	2017	《自然》 *Nature*	V548	10.1038/548275a
17	28	22	Howe C	2014	《全球环境变化》 *Global Environmental Change*	V28	10.1016/ j.gloenvcha.2014. 07.005
18	27	38	Engel S	2008	《生态经济》 *Ecological Economics*	V65	10.1016/ j.ecolecon.2008. 03.011
19	27	35	Nelson E	2009	《生态与环境前沿》 *Frontiers in Ecology and the Environment*	V7	10.1890/080023
20	27	31	Salzman J	2018	《可持续的自然》 *Nature Sustainability*	V1	10.1038/ s41893-018-0033-0

资料来源：作者自绘。

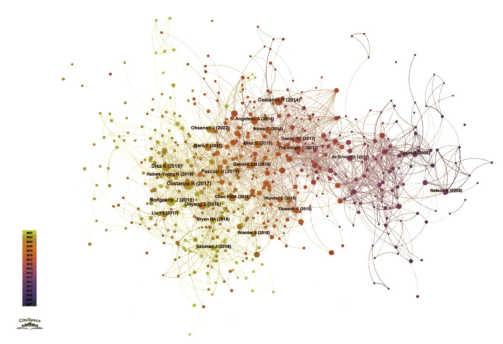

图 1.5　文献共被引图谱

图片来源：作者自绘。

注：共被引图谱中圈越大代表共被引的频率越高，颜色越深表示年份越早。从文献共被引可看出近年新出的文献的引用与早些年相比增多。连线越多表明文献联系越紧密。

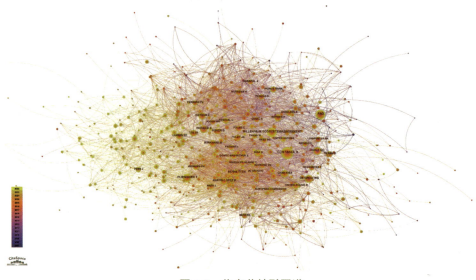

图 1.6　作者共被引图谱

图片来源：作者自绘。

注：共被引图谱中圈越大代表共被引的频率越高，颜色越深表示年份越早。从作者共被引看来，早年作者的引用频率比近年多。连线越多表明文献联系越紧密。

（2）乡村生态系统服务的发展趋势

通过对文献的关键词、主体的中心性和使用频次进行分析，提取出现频次高、点中心性强的词组，可表征过去近 20 年乡村生态系统服务研究的核心方向和关键领域。具有中心性的文献通常是连接两个不同领域的关键枢纽。数据表明，乡村生态系统服务研究关注最多的是生态系统管理、生态系统保护、生物多样性、土地利用、气候变化、生态系统受到的影响、生态政策、景观、林业、城镇化等领域（表 1.7）。

表 1.7　关键词共现频次、中心性统计表

序号	共现频次	中心性	关键词
1	1849	0.04	生态系统服务　ecosystem service
2	677	0.03	管理　management
3	641	0.02	保护　conservation
4	583	0.04	生物多样性　biodiversity
5	422	0.02	土地利用　land use
6	390	0.05	气候变化　climate change
7	271	0.02	影响　impacts
8	249	0.01	框架　framework
9	211	0.03	政策　policy
10	207	0.02	影响　impact
11	201	0.02	景观　landscape
12	183	0.02	生物多样性保护　biodiversity conservation
13	177	0.01	森林　forest
14	175	0.03	城镇化　urbanization
15	174	0.03	可持续发展　sustainability
16	173	0.02	多样性　diversity
17	167	0.02	土地利用变化　land use change
18	165	0.04	模式　patterns
19	162	0.02	社区　community
20	162	0.02	评估　valuation

资料来源：作者自绘。

此外，关于乡村生态系统服务研究的发展趋势可借助关键词突现（Citation burst）展开分析。关键词突现是指在短时间内（一般为 1 年）发表文章中出现频次极高的关键词，突现长度越长，说明该关键词热度持续时间越久、研究前沿性越强。Cite space 的分析数据表明，"乡村景观""价值""支付""栖息地""人口""生态""贫穷"等在 2008—2014 年出现频次较高；"低碳"集中出现在 2012—2019 年且持续时间较长；2014 年后印度和南非的生态乡村实践得到关注，研究重点集中在"生物多样性保护""乡村发展机会""自然资源"等，其中"生态系统服务支付"从 2010—2015 年、2017—2018 年持续出现；2018 年后，出现了较多"乡村家庭""政策支持""乡村景观""基于自然的解决方案"等方面的研究（图 1.7）。

关键词		年度	强度	起始年份	结束年份	2007—2023年
乡村景观	rural landscapes	2008	6.05	2008	2014	
评估	valuation	2009	10.32	2009	2014	
环境服务	environmental services	2009	7.76	2009	2015	
森林砍伐	deforestation	2007	5.81	2009	2017	
支付	payments	2010	8.8	2010	2015	
生境	habitat	2010	5.1	2010	2013	
人口	population	2010	5.01	2010	2014	
生态学	ecology	2007	4.96	2010	2014	
贫困	poverty	2011	7.35	2011	2014	
碳	carbon	2008	5.33	2012	2019	
生态系统服务补偿	payments for ecosystem services	2010	5.28	2013	2015	
生物多样性保护	biodiversity conservation	2008	7.66	2014	2015	
印度	india	2015	5.92	2015	2017	
南非	south africa	2011	5.03	2015	2018	
机会	opportunity	2016	7.61	2016	2018	
趋势	trends	2011	5.38	2016	2017	
自然资源	natural resources	2016	5	2016	2019	
程序	program	2016	4.81	2016	2019	
生态系统服务补偿	payment for ecosystem services	2012	5.96	2017	2018	
农村家庭	rural households	2013	6.21	2018	2020	
执行	implementation	2018	6.09	2019	2021	
支持	support	2019	5.08	2019	2020	
可持续管理	redd plus	2018	4.8	2020	2021	
乡村景观	rural landscape	2021	6.63	2021	2023	
自然的解决方案	nature-based solutions	2017	5.1	2021	2023	

图 1.7 关键词突现图
资料来源：作者自绘。

1.3.1.3 小结

通过文献分析可知，学界对乡村生态系统服务的研究一直保持较高的热情。关于乡村生态系统服务的研究大致具有以下几个方面的特征：① 乡村生态系统服务在欧美经历了较为广泛的研究和实践，后扩散到中国和印度以及南非等国家；② 由于"生态系统服务"的概念提出于 1997 年，因此 21 世纪初（2007 年之后）才开始广泛出现对乡村生态系统服务的研究，研究方向较为广泛，包括乡村景观、价值估算、生态系统服务支付、林业砍伐、栖息地、乡村人口等；③ 近十年来（2013 年之后）的研究方向依旧多元，中国乡村的研究和实践逐步凸显，自然资源、支付意愿、乡村家庭生计、政策执行、生物多样性、本土解决方案、低碳、感知等都得到了不同程度的关注。

可见，关于乡村生态系统服务研究尽管热度不减，但研究的重心逐步分散化、研究领域趋向多元化。并且，学界对于乡村的研究中心也逐步回归到实践经验、基于本土的解决方案等领域。随着中国社会经济发展和新型城镇化的持续推进，乡村治理面对着复杂的问题，乡村地区作为城镇人口的农业基地和生态系统的重要留存地带，源源不断地为我国城乡居民提供着生态系统供给、支持、调节、文化服务等支持。因此，本书聚焦我国当前社会经济发展阶段新形势新需求背景，着重探讨乡村生态系统居民感知评价和生态系统服务合理优化策略。

1.3.2 国外研究进展

（1）乡村生态系统服务研究

乡村生态系统是受人类影响最大的生态系统类型之一，作为一个具有综合性和复杂性的研究类型，越来越受到研究者的关注。目前多数研究的出发点是将乡村生态系统作为城市生态系统的重要支撑系统，或者从环境和资源的角度进行研究，较少有学者从乡村生态系统本身的角度研究其特征和存在的问题。因此，了解乡村生态系统现状及发展，对于改善和创建有弹性的乡村生态系统至关重要[47]。

通过在 Web of Science 核心合集数据库（www.webofscience.com）进行文献检索，总结发现国外学者对乡村生态系统服务的研究主题主要集中在"土地利用变化""可持续农村发展""评价""生物多样性保护"和"文化生态系统服务"

等方面。从研究内容来看，在土地利用变化研究方面，国外学者的研究主要集中在时空变化、动态机制、政策研究和情景模拟等方面，从福利政策角度研究土地利用变化的驱动力，并开展预测模拟。近几年，将农业、文化和自然景观保护相结合以应对土地利用变化风险已成为国际上农村可持续发展研究的重要课题[48]。从研究尺度上看，国外学者的研究从多个角度和维度对不同的研究课题进行比较实证研究，微观研究相对丰富。同时，国外学者的研究强调技术、知识和创新在乡村生态系统服务中的作用。研究的关键词在1990—1995年以"农业""植被""土地"为主，且一直保持至2023年；在1996—2001年，研究热点转变为"土地利用变化""农业政策""农村梯度"和"模型"，其中"土地利用变化"研究至今仍是热点；2002—2007年，研究的主题更加广泛，在以往的研究热点基础上增加了"管理""乡村景观遗产""评价""物种多样性"和"文化景观"；2008—2019年，研究热点增加了"农业结果转型""空间格局""乡村发展""生物多样性"和"人类福祉"；2020年开始，"文化生态系统服务""乡村旅游""景观偏好"和"政策引导"成为国际研究重点。整体可见，对乡村生态系统服务的研究由来已久，且随着研究主题的愈加广泛，学者们在评估、模型、时空演变特征等研究方法上进行了拓展，跨学科（如生态学、经济学、地理学）的交叉混合研究方法也加入其中，这些都有利于制定政策及解决利益相关者的切实问题。

其中，对乡村生态系统的认知和评估研究已经成为一种强烈的趋势，多方面的综合评估为支持农村生态系统服务管理和决策提供了关键信息，如农业结构调整、林业保护管理[49]、农业生产指导等方面。此外，目前最主要的价值评估方法是货币评估，其方式方法多种多样，但学者们开始关注到货币评估之外、利益相关者的真实需求探究[50—52]。比如，已有学者认识到作为乡村主体的乡村居民长期以来被动地应对自上而下的政策和规划的实施，导致村庄缺乏活力和凝聚力、政策与实际情况不匹配[53]，认为有必要将生态系统服务知识融入村庄规划和政策制定中，为地方政府政策的落实提供更多支持。从需求方角度出发，加入互动参与流程，使乡村生态系统服务的优化更加公正。这是制定更加合理的乡村土地利用政策、实现乡村振兴和转型的重要途径。

（2）生态系统服务感知评价的研究

第一，生态系统服务感知的主体和客体辨析。生态系统服务感知的对象包括感知的主体和客体。① 主体对象。通常为各种类型的人群、利益相关者等。比如当地居民[54]、生态专业从业者、政策制定者、研究人员、景观规划师、环保主义者[54] 等。研究各类人群的感知可获得各类人群的生态需求和偏好，有利于生态政策的制定和管理。比如草原上的农民和环保主义者的关注点和保护意识差别巨大[54]。农民更关注草原生产草料的潜力，其保护意识与土地利用强度有关，而环保主义者的保护意识往往更关注于生态系统本身，比如濒临灭绝的草甸鸟的数量。② 客体对象。生态感知研究的客体对象包括生态系统服务中的全部对象，比如四大服务类型之一的文化生态系统服务[55] 是生态感知研究中最广泛的对象，相关的指标包括向人类提供的娱乐活动和公众的审美喜好等[56]。生态系统服务的承载对象包括具体的生态系统，比如河岸植被生态系统[57]、草原生态系统[58]、湿地生态系统[59]。以上也细化到四大服务类型中的具体指标，比如土壤稳定性[58]、水量和水质[58]、生物多样性[58] 等。

第二，生态系统服务感知可改善公众对生态系统服务的认知和态度。生态感知重要研究目的之一是了解生态修复项目完成后，公众对其的感受和评价[60]。因为公众对生态恢复项目的积极看法会促进自身参与，促进自身对生态重要性的认识，改善公众对生态系统服务的认识[55]。将利益相关者的意见和价值观纳入决策过程，产生的政策往往会得到公众的充分支持[61]。如美国的《清洁水法案》（CWA）的第二阶段要求公众投入、教育和参与，作为解决非点源污染流域管理规划过程的一部分。了解公众或利益相关者对生态恢复项目的评价[57]，了解社会维度的审美偏好与生态指标的关系，能够更好地理解公众的行为并制定有针对性的决策[62]，还可以将生态红线与公众对生态系统服务的认知联系起来管理生态环境[63]。在生态学和环境科学等领域，生态感知多指将自然生态环境和公众活动相联系，通过分析公众的行为来进一步分析生态环境的变化，并提出相应的生态环境保护方案。具体的感知对象多为公众对生态系统服务的感知，其目的是通过有效了解公众对环境和生态的参与情况，进而判定生态保护计划的执行效果和主体生态功能的发挥，还可以促进研究学者与当地公众的相互学习并增强公众环保意识。比如，M. Temesgen 等[64] 采用参与式感知的方法分析了埃塞俄比亚

Melkawoba 和 Wulinchity 这两个地区的农户为了保护耕作和防止土地退化而采取的行动；J. D. Lau 等[65]通过访谈的方式对西印度洋 4 个国家 28 个社区的 372 名渔民进行了调研，请每位渔民对 9 项生态系统服务效益的重要性进行了排名，对最希望改善的服务进行了评级，并分析了年龄、贫困程度或教育年限对排名和观点的影响。荷兰学者 M. Bubalo[66]总结得出专业程序、社交媒体网络等"众包"（crowdsouring）的方法可用来收集景观感知和文化生态系统服务数据，有利于加强公众与景观的互动、降低选择偏见。T. Kiriscioglu 等对比城市居民和乡村居民对水环境（流域和水景观）的感知差异[67]。通过生态系统服务感知可确定某些生态系统服务的利益相关对象（哪些生态系统为谁服务）[58]，并分析不同利益相关者的认知差异，可促进他们之间更好地沟通。

第三，生态系统服务感知有助于生态管理政策的制定和实施。通过生态系统服务感知评价公众对生态系统功能需求和偏好，可对生态景观进行改进并提升管理政策的有效性。生态系统服务感知可了解在受人类高度影响的景观中，当地社区对生态和景观的看法，为管理和景观可持续性提供参考[68]。法国学者 C. Marylise[69]认为了解公众的生态感知也是制定可持续管理方法的关键，高生态价值的景观同公众的高生态感知调节一致才能实现项目效益的最大化，选择了某湿地公园并采用照片问卷的方式对共计 403 名专家和公众进行了调查，同时对结果进行了方差分析（ANOVA），并研究了生态系统功能和感知价值的参数关系。比如从城市湿地可持续管理的角度对公众审美进行研究，为可持续湿地管理提供信息，在生态环境目标与美学属性兼容的情况下，提供场地宣传、生态教育计划来提升公众对景观生态项目的了解，进而提高公众的审美欣赏水平[70]。一些城市低影响开发景观的外在表象可能不够有吸引力和具有审美价值，了解公众对其的态度可进一步对这类景观实行合适的规划设计策略[71]。生态系统服务感知还可了解气候变化对不同生态系统下农户的影响，即对农户敏感性和适应能力进行脆弱性评价，从而针对特定农业生态区的脆弱农户设计和实施量身定制的政策[72]。比如评价农民对气候变化的看法、气候变化的地方指标以及为应对气候变化风险而采取的适应措施类型[73]。克罗地亚学者 S. Krajter Ostoic[74]研究了市民对城市绿地中文化生态系统服务的感知，对各城区居民进行了重点访谈并用 Maxqda 软件进行记录转译，用编码分类进行分析，

为量化城市绿地文化生态系统服务功能提供了依据。日本学者 Iwata Yuuki[75]
挖掘了"日本乡村景观百强"公众调查中的关键词，并结合 GIS 分析土地利用
和地形数据，将上述信息进行景观使用类型聚类分析，得出应提出公众对景观
多样性认知的结论和管理建议。Wan Jiangjun 通过生态感知来衡量农村家庭对
生态空间、生活空间和生产空间这三种类型的农村空间的看法，并使用结构方
程模型评价了农民对生态 - 生活 - 生产空间的看法和满意度，并将满意度与客
观监测指标相对应[76]。生态感知的主体公众感知和审美价值确实是生态空间
可持续管理、生态修复实践要考虑的关键因素。

第四，生态系统服务感知被广泛应用于多种类型的生态系统评价中，并受
到公众多方面属性的影响。美国学者 J. Flotemersch[77] 通过综述发现，影响公
众对水生态系统感知的因素有水的清澈度、类型、所处环境等，同时公众的社
会文化因素，如年龄、教育程度、性别和对调研对象的了解程度等会影响感知
结果。在人口特征方面，性别和年龄是影响公众看法的重要因素[55]。生态系
统的感知受到社会环境的强烈影响，比如生计收入、利益和传统习惯[54]，同样
还受到受教育程度、对生态的了解程度、户主年龄[73]、家庭土地面积、孩子人
数[78] 等因素的影响。对气候变化的感知研究中，过去歉收次数、气温和降水
变化同样显著影响农民的感知。生态系统的外在表象也会影响公众认知，比如
有利于人类健康和行为的景观，人们往往更喜欢并认为其具有文化服务上的可
持续性。比如符合公众审美和视觉标准的景观，还有可提供享受自然或者娱乐
活动的景观（钓鱼、游泳、划船等）、能带来相关健康益处的景观[56]。但没有
确切证据表明公众对生态系统质量的看法与其生态系统服务之间的一致性。一
些生态学调查表明，人们所享受的自然表象可能与该生态系统的物种丰富度等
生态质量几乎没有关系[79]。

（3）生态系统服务优化策略的研究

生态系统服务的概念被广泛理解为"人类从健康生态系统的自然功能中获得
的益处"，这个概念描述了从生态系统到人类的单向服务流。但反过来，人类通
过对生态系统的维护，可改善其服务水平、为生态系统做出贡献。通过这种双方
的双向服务，可实现人类与生态系统之间互惠关系的闭环[80]，实现人类对生态
系统服务的优化和提升。

　　提升生态系统服务并维持其可持续性是生态学、农学、城乡规划、风景园林等各学科必须共同应对的一项重要挑战。生态系统服务的增强需要在不同尺度上加以解决，并应包括与利益相关者（农民、管理者、政策制定者等）之间的互动，才能更好地优化服务供给和保持。广义上的互动网络（从食物网到景观网络，其中的节点可以是物种、植物群落、田地或农场）有助于解决这一高度复杂的问题[81]。生态系统服务的提升优化策略包括：① 增加生物多样性。如增加农林业（agroforestry）生态系统的植物多样性有可能甚至替代花费不菲的农业投入，如降低化肥、农药、灌溉等方面的费用，还能提高作物和木材的生产效率、产量的稳定性、传粉、抑制杂草和害虫，具体的多元化方式包括增强作物遗传多样性、混合种植、轮作、农林业和农田周围景观多样化[82]。相较于传统农业和林业，农林业可提升生物多样性和生态系统供给服务，是乡村规划中效益较优的土地利用方式[83]。② 丰富生态系统结构和增加生态系统稳定性。如草原生态系统的结构和稳定性对生物多样性、物质循环和生态系统供给服务有着重要影响。多样化的立体水平结构是恢复草原生态系统的有效措施，即通过不同科、不同品种的草的组合，通过混作（间作、轮作、混播等）模式充分利用阳光、热量、水和空气，形成物种之间的互补性，促进饲草对土壤养分的吸收，从而提高其年生长和氮素利用效率（图1.8）[84]。不同习性的多品种种植是恢复草原生态系统的有效手段，可以有效改善草原退化状况，保护和改善土壤质量，丰富种间和种内物种多样性，有效增加恢复力[85]。同等条件下，混播草原具有更高的饲草密度和物种丰富度，比单播草原更具竞争力和更好的草原植被恢复能力。再比如，土壤中微生物多样性可促进多种生态系统同时发挥作用（即生态系统的多种功能）[86]。③ 政策制定者、管理人员和农民等利益相关者需要更好的培训和指导，了解掌握具体的生态知识和技能，以及如何调整策略以应对当前实践中遇到的困难，从而达到预期目标。包括农业景观的维护、生物多样性的保护、碳固存调节气候变化、当地优质产品的生产、土壤肥力维护以及森林野火的预防等，尤其是奖励农民在生产、生活中对自然资源的可持续管理以及提升保护生物多样性的意识和行为[87]。

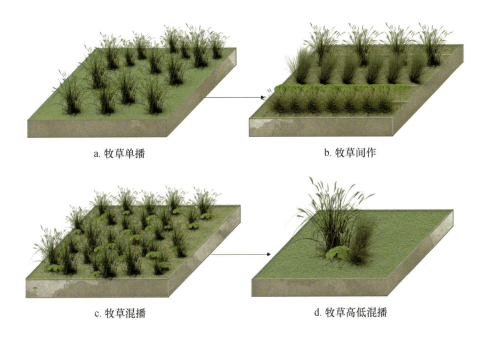

a. 牧草单播　　　　　　　　　　　　　b. 牧草间作

c. 牧草混播　　　　　　　　　　　　　d. 牧草高低混播

图 1.8　人工草地的混作种植结构图

资料来源：参考文献［84］。

1.3.3　国内研究进展

（1）生态系统服务评价方法综述

乡村生态系统服务评价可以帮助政府、研究机构和乡村社区了解自然生态系统对社会和经济的影响。常见的乡村生态系统服务评价方法如下：① 生态系统服务价值评估法：该方法通过货币化生态系统服务的经济价值，包括直接市场价值（如农产品和木材）、间接市场价值（如水源保护和气候调节）以及非市场价值（如生物多样性保护和文化价值）。这是比较成熟且最为常用的方法。② 生态系统服务供需分析法：用来评估特定生态系统服务的供给和需求情况，以确定潜在的供需不平衡，并制定政策来调整这些差距。例如乡村水生态系统供需评价研究、农林复合生态系统供需评价研究等。③ 生态系统服务指标体系法：根据评价目标构建生态系统服务指标，用于监测和度量生态系统服务的供给和变化。这些指标可以包括土地覆被、生物多样性、水质等。④ 生态系统服务模型法：使用生态系统模型来模拟不同场景下生态系统服务的变化，例如气候的时空变化、土地利用时空变化或政策干预对乡村生态系统服务的影响。⑤ 社区参与和民间知识获取法：与当地乡村社区合作，收集他们对生态系统服务的观察和知识，以了解乡村社区居民的需求和愿望。⑥ 地理信息系统（GIS）法：使用 GIS 技术来分析土地利用、土地覆被和生态系统服务之间的关系，可以更好地理解和评价乡村地区的生态系统服务水平。⑦ 访谈和问卷调查法：即乡村居民生态感知法，通过现场访谈和问卷调查来了解乡村居民对生态系统服务的感知、需求和偏好，以便更好地满足他们的需求并在规划策略中加以施用。⑧ 水平比较和趋势分析法：通过比较不同地区、不同时间点或不同政策干预下的乡村生态系统服务数据来分析其变化趋势和影响因素。⑨ 故事叙述和案例研究：通过实际案例和事迹来传达生态系统服务对人们生活的重要性，引起公众和政策制定者的关注。⑩ 生态系统服务地图法：创建生态系统服务地图，将生态系统服务的分布在空间上进行可视化表达，以便决策制定者更好提出规划策略和进行土地利用。以上方法通常会结合使用，以更全面地评估乡村生态系统服务水平，为决策者提供政策制定建议和参考，实现乡村可持续发展和自然资源保护。

整体来说，对于宏观和中观尺度上的乡村生态系统服务评价，较多学者多采用较为成熟的价值评估法进行评价。如丁金华等[88]使用当量因子法，并结合土地开发指数定量评价法，对澄湖西北片区乡村生态系统服务供给与需求的关系进行分析，进而从宏观尺度的景观生态安全格局构建、生态功能分区管控规划等方面提出优化策略。曹然[89]采用卫星影像解译的方式获取潍坊市周边区域乡村绿化数据，使用价值当量计算的方法得出生态系统服务价值。

对于微观尺度的研究，多数学者使用指标体系和居民感知评价的方法进行研究。如曾台鹏[90]以景感生态学为乡村生态景观系统评价指标分类的依据，采用问卷调查获得数据，提出了针对山地型乡村生态景观提升的建议。刘宇舒[91]等采用访谈和问卷调查的方式，对苏州乡村水域空间生态系统文化服务进行评价数据采集，采用重要性绩效分析法（IPA 法）进行数据分析。

（2）生态系统服务感知评价研究综述

国内学者对生态系统服务感知的研究多分布在生态学及人文地理领域，主要客体对象包括生态旅游地，如张家界的游客感知；特定生态系统，如草原生态系统、黄土高原生态脆弱区的牧民感知等；具体的景观类型，如城市公园绿地的公众感知、生态旅游景区或公园的游客感知[92—97]、重点生态功能区农牧户对生态系统服务的感知[37, 98, 99]等。研究目的包括探寻感知和生态、经济、社会等行为的关系[100, 101]、分析影响生态系统服务供给的影响要素并进一步提出生态系统保护和管理的政策建议等[102-104]。云雅如等[105]研究了人类对不同气候变化的感知方式；而周旗等[106]收集天气变化过程中不同时间序列强度的数据，分析并研究感知的时空变化规律；王晓琪等[107]探讨了甘南高原农户对草地、森林、湿地和农田生态系统服务的感知，并使用多元线性回归模型分析了影响农户生态系统服务感知的关键因素；戴胡萱[108]研究了社区居民对三江平原五个国家级湿地自然保护区的贡献意愿（劳动意愿和支付意愿），从社区与保护区的关系探究居民的感知和态度。该过程可对生态系统进行更综合的管理，更好地调节生态状况与社会用途（生态系统服务、效益、价值和期望）[109]。

也有学者重点对生态系统服务中的文化服务进行了感知研究。如罗琦等[110]通过问卷调查法探究草地生态系统文化服务牧户感知情况及影响感知的因素，对比分析不同治理工程区牧户对草地文化服务感知的差异；夏哲一等[111]研究了北京"三山五园"地区京西稻田景观的生产性文化感知，主要包括文化、游憩和科教三方面。在感知指标制定的时候，往往参考生态系统服务的类别来制定指标。

（3）空间和景观感知研究综述

空间感知往往结合空间中的主要构成要素一起进行感知和分析，比如园林空间、街道空间、城市空间等。在感知要素的选择上，会将空间相关要素及对空间有影响的要素同时进行感知，所以关键词往往结合空间的属性特征，比如，"景观空间感知""声环境空间感知""街道空间感知"等，但感知要素通常包括生态和景观要素。其目的多为可从景观规划设计的角度提出景观和空间优化建议。

建筑学、风景园林领域的学者多以优化空间布局和提出设计策略为目标，从生态要素和建成环境结合的角度进行感知研究。如王墨晗[112]、侯拓宇[113]等从气候与建成环境感知的角度提出了空间优化的设计策略；王敏[114]、林月彬[38]、魏方[115]等从公众感知角度分析景观空间偏好并提出优化建议等；王建伟等[116]以地形、山石、水体、植物、建筑作为园林空间的基本要素，选取色彩、形式、自然、围合和半围合等景观和空间因子，对园林空间进行感知并分析得出园林空间的视觉效果评价结构；罗雨雁等[117]对城市户外空间自然式儿童游戏场进行了景观感知研究，分析得出儿童偏好于起伏的地形、昆虫及小动物、多样的植物；

王德等[118]选择街道空间的形态、氛围、长度、界面连续度、绿化覆盖率等指标进行了感知研究；汪品[119]基于空间感知对浙北地区乡村公园景观进行研究，得出区位、景观建筑组合、园路、植物层次等景观要素是设计重点。

在景观感知的研究中，以风景园林领域为主的学者多以景观要素为感知对象，旨在融合和引导公众认知于生态循环过程中，进而与环境改造的物质手段互相影响形成高生态价值的景观，研究结果可为景观生态空间规划设计提出优化及管理建议。景观要素与生态系统服务要素有部分重合，但也存在差异。景观要素的内容及描述方式多从能直接改造的角度出发，而生态系统服务要素则是景观改造后带来的进一步收益。其中，文化景观也是学者们重点研究的对象，这部分与生态系统服务中的文化服务部分相似。比如，王敏等[114]选取了地面材质、色彩、绿视率、生境多样性等10项景观要素作为生态感知的影响因子对城市生态空间进行研究；李仁杰等[120]将可视范围、最佳观赏距离、景观类型、地形等8项因子作为生态感知因子进行旅游公园观光线路选址研究；苏一健[121]选择了山体、水系和自然地物这三大类景观生态要素，研究了居民和游客感知并进一步分析了这三类要素对榆林市城市空间的影响；罗皓等[122]提出了乡村景观11个要素的框架，包括人群感知要素如氛围和意向，还有林、田、水、宅、路等景观要素，并分析了各要素对人们压力恢复的关系；刘健行等[123]选取了滨江绿地的15个景观要素通过相关性分析对公众喜好做出解释。

从公众空间和景观感知数据的角度来看，这些数据可以分为物理空间数据和心理空间数据。一方面，物理空间数据涵盖了现实世界中客观存在的要素，如温度、湿度、空气质量、水质等与人类生活紧密相关的环境指标。另一方面，心理空间数据则指的是公众通过个体认知、感受、理解以及主观描述，在物理空间的基础上构建的主观感知，包括对生活环境的满意度和舒适度等方面的反馈。多数生态感知研究均为对公众心理空间数据的获取和分析。值得注意的是，由于个体之间的差异，不同的人对相同的生态环境可能会有着不同的感知和评价。

（4）生态系统服务感知研究方法综述

在获取感知数据的方法上，长期以来多数学者采用问卷调查和半结构访谈等传统方法，并通过回归模型[124]、Logit模型[125, 126]、SPSS[127]等方法对调研数据进行分析。数据获取方法包括照片问卷[59]、语义差异法配合双极量表[62]、五点或七点李克特量表[70]、问卷调研法（封闭式问题和开放式问题）[55, 63]、面对面调查[68]、小组访谈[58]。也有研究者将公众参与式地理信息系统法（PPGIS）应用在其中[128]，可将感知指标与地理空间相结合。而随着大数据技术的推广和应用，近几年有学者开始尝试使用新方法获取感知数据，如翟雪竹等[129]通过微博等社交媒体获取基于时间和地理粒度的语义分析数据；左进波[130]通过穿戴式智能设备实现环境信息的观测、采集、分析、传播，实现城市信息的立体感知；涂伟等[131]利用多源数据感知城市人类活动从而分析其偏好等。也有学者将录音数据、GPS 位置数据和照片数据等原始数据进行分类处理来识别用户行为，如走路速度、心态情感、所处位置等。在城市公园、居住区等智能设备便捷使用的研究范围内，我国学者开始尝试使用智能手机、摄像头影像收集、Wifi 探针、手机信令、可穿戴式设备和软件开发等科技手段进行数据采集。值得注意的是，采用这类设备的研究范围多选在城市地区，由于人群的教育背景相对较高、见识程度相对较广、科技设备使用操作的支持度更好，上述数据获取方法在城市中可便捷使用。针对村镇地区的生态感知研究较少，且受多因素制约，问卷调查和半结构式访谈等传统方法仍为主要数据获取方式。

从生态系统服务评价方法看，多采用客观数据结合分析软件对现状生态系统进行评价，再根据评价结果进一步提出提升策略。比如王爽[132]对锡林郭勒盟生态工程区的牧草生产、防风固沙、水源涵养等生态系统服务进行了野外调查获取数据，通过 Python 语言和 ArcGIS 分析技术建立了复合生态系统服务的关键生态空间识别方法，并基于熵值法—回归分析法解析识别出生态系统服务的制约因子与提升路径。吴一帆等[137]基于 InVEST 模型，选取密云水库上游的潮河流域为研究对象，模拟了四种修复情景，采用直接市场法和替代市场法研究生态系统服务价值在不同情景中的变化。通过客观数据分析和情景模拟后评价，学者们提出的生态系统服务策略包括设计和优化景观格局[133]，提升植被覆盖度、土壤有机质含量和景观斑块聚集指数[132]，农田套种间种，生态修复等措施。

（5）生态系统服务优化的研究综述

从研究尺度看，目前关于生态系统服务提升研究多关注较大尺度，如城市生态网络[134]、自然保护区[135]、森林生态系统[136]、流域生态系统[137]、农田生态系统[138]等的生态系统服务提升策略，这是生态系统本身的宏大尺度特征和影响范围决定的。比如对森林生态系统、流域生态系统、农田生态系统等通过价值量法等进行评价，进而提出宏观尺度下的生态系统服务提升的方法，比如生态修复方案和政策制定、生态网络构建、生态板块数量和面积增加并连通等。其中王云才提出将空间结构与生态系统服务提升结合，构建生态空间体系。有少数学者从人的需求角度对生态系统服务优化进行研究，比如对半城市化地区的乡镇单元生态系统服务进行优化研究。对于提高生态系统服务供给能力，有学者认为对于农林生态系统，要提高其系统结构和稳定性；对于农田生态系统，耕地面积比极大地影响生态系统服务供给效率。

从微观尺度上的生态系统服务提升研究较少，且通常关注其中的部分功能，比如景观、文化等服务，多以城市公园[96]、城市滨水空间[139]等为研究对象。以乡村为对象的研究也较少，少量学者以乡村为研究对象，但关注的是乡村景观或生态系统服务中的文化功能，较少综合生态系统服务的多数指标进行研究，并在此基础上提出生态系统服务提升策略。有学者从生态系统服务提升的角度以乡村景观为研究目标进行讨论，也有学者通过景观特征评价的方式对小尺度乡村生态系统服务提升进行了探讨。总体来说，现有研究多偏重大尺度和基于客观数据评价，对于乡村中微观尺度、人与生态系统融合空间及从使用者需求角度进行的生态系统服务功能提升的研究较少。

由此可见，较少的学者关注乡村微观尺度下的生态系统服务，而且从乡村居民感知角度对生态系统服务进行评价及偏好分析。李昂等指出[140]，生态系统服务提供的居民福祉具有地域性和尺度效应，主客观指标相结合的评价方式是福祉测度的主要趋势，融合多学科知识和方法、规范不同尺度的生态系统服务评价体系、深入解析生态系统服务和居民福祉的耦合机制，可为生态管理和科学决策提供综合依据。从乡村居民感知评价及偏好角度提出生态系统服务提升策略，可为乡村地区生态景观规划设计和管理提供依据。

（6）乡村生态系统服务评价研究趋势

乡村生态系统服务对城乡可持续发展起着重要作用，诸多学者以乡村生态系统服务评价为切入点，对乡村的经济发展、生态保育等多个方面展开研究。如范逸凡等[141]对湖州乡村粮食供给、碳储存、水源涵养、文化服务等四项生态系统服务进行了时空演变分析，探究不同生态系统服务间的权衡与协同，得出平原耕地的碳储存变化极小，高山林地碳储量最高等结论；李永钧等[142]结合地理信息数据、社会调查数据和兴趣点数据，对湖州乡村地区的三种文化服务价值进行评价，认为三种文化服务类型中科教人文价值最高，自然风光价值和休闲娱乐价值次之，并划分了文化服务供需关系研究的适用类型区；赵宏宇等[143]对传统村落生态系统服务的社会价值进行评价，并绘制了社会价值地图，揭示了其社会价值的空间聚类关系；也有学者针对乡村生态系统服务与乡村社会[144]、乡村振兴战略[145]、乡村布局点优化的互相影响关系[146]展开研究。可以看出学者们的共识是，乡村生态系统服务对城市和乡村复合系统的可持续发展、生态环境的调控、人类健康生活的支持等多方面起着重要作用。

以上可见，较多学者从宏观尺度和客观数据分析对乡村地域生态系统服务评价进行研究。而近年来，陆续有学者开始从乡村微观尺度和使用者感知评价角度进行生态系统服务评价研究，有如下两方面研究趋势：

① 开始关注微观尺度上的生态系统服务评价，以行政村和村域范围乡村为研究对象。如丁彬等[147]通过对鲁中山区三个地形地貌相似、经济发展模式迥异的毗邻行政村9大类15个生态系统服务指标进行价值评价，发现旅游村＞养殖业村＞种植业村，认为经济发展模式通过影响土地利用影响生态系统服务价值，进而影响居民经济收入和从生态系统服务获得的裨益；张茜等[148]通过景观特征评价，提出了沟路林渠小尺度生态要素乡村生态系统服务提升的规划设计模式；李小康[149]等将生态系统服务价值评价法应用在湖北省堰河村，分析了用地变化对生态系统服务价值的影响，为指导和调整土地利用规划和决策提供了参考。

② 开始关注人的感知，从探索人与生态系统服务关系角度进行生态系统服务评价研究。如刘迪等[150]认为乡村常住居民多以农户为主，其收入来源和生活方式决定了其对乡村生态系统服务有着较强的依赖，通过评价研究得出农户对供给服务依赖最高，对调节和文化服务依赖较低；王南希[151]等认为景观感知评价可以研究乡村社会文化价值和经济价值，对于创造和维护对公众负责且生态健康的景观非常有益；彭旭认为农村在乡村人居环境整治提升中占有主导地位，采用感知的方法对山东省8个山地型的乡村进行生态系统服务评价研究，并提出居民感知提升策略。

因为乡村系统在经济、社会、生态、文化等方面的复合性，对乡村的研究也存在以下三方面研究趋势和关注点：

① 乡村居民健康，尤其是人口外流背景下的乡村留守人群健康已被广泛重视，而村民作为乡村主体，是乡村发展的基础和关键。如刘嘉慧[152]等认为不同改造模式下的乡村社区环境对居民健康存在影响；梅兴文[153]等对于乡村老年人健康水平进行研究，认为精神支持等方面可显著改善农村老年人的身心健康；孙睿[154]等通过留守与非留守户籍大学生心理健康和社会适应能力的对比研究，认为有农村留守经历的大学生在心理健康等方面相对偏低；董禹[155]等认为乡村地方依恋对居民和社会健康有重要影响。乡村生态系统服务提供的物品、原材料和精神文化支持同样是乡村居民健康的重要保障。

② 韧性乡村同样是较多学者近几年研究的趋势，其韧性体现在乡村经济、管理、社区演进、文化和生态功能等方面。如张国芳等[156]研究了浙江德清莫干山镇三个乡村在韧性视角下的社区演进转型；田健[157]等研究了基于韧性理念的生态功能区乡村"三生"脆弱性治理与空间规划响应；袁青[158]等对寒地地区乡村韧性进行剖析，研究了乡村生态韧性、经济韧性、社会韧性和文化韧性等5个韧性构成及存在问题。乡村生态系统服务可为乡村各子系统韧性提供基础保障。

③ 低碳理念下的乡村研究是我国"双碳"目标的重要领域，主要包括乡村生态用地的碳汇功能和低碳理念的生产、生活方式及节能技术研究。如罗顺兰[159]等分析了森林碳汇对乡村居民的经济福利效应，并提出相应政策建议；丁雨莲[160]认为乡村地区的农田耕地系统、林地系统、湿地系统和草地系统，具有类型多样和数量丰富等特征，能够清除、吸收、贮存大气 CO_2；邢燕[161]等提出了低碳理念下农村景观规划思路，从道路、绿化、照明等方面提出景观规划建议。

现有研究中较少有剖析健康、韧性和低碳三者关系，并基于其递进互促关联为导向对乡村生态系统服务进行评价，整合这三个理念更有利于与乡村可持续发展的政策目标和社会经济发展需求相匹配，可从全球及国内社会发展需求的新背景目标下对乡村生态系统服务评价进行新的审视和研究。

第2章 研究基础

前述研究可知，在我国社会经济发展新形势背景下，对乡村生态系统服务的内涵进行再认知并从乡村居民的角度进行生态系统服务感知评价，是对生态系统服务客观评价研究的补充，可激发乡村主体人群的内在驱动力，为乡村共治共建提供理论和实践基础。本章结合山东省乡村生态系统服务特点和治理要求，建构符合当前社会经济发展阶段需求的乡村生态系统感知评价研究框架。

2.1 政策导向

2.1.1 我国乡村政策与生态系统服务的关系

近三十年来，我国高度重视乡村发展和推进农业农村现代化，先后提出"统筹城乡发展""工业反哺农业、城市支持农村""美丽乡村"和"乡村振兴战略"等政策。乡村发展与建设持续地推进，有助于化解我国"三农"问题、促进乡村全面振兴。乡村建设由单一的推进产业发展和体制改革，转向城乡一体化建设、新型城镇规划和推进乡村振兴战略。中国式乡村发展是结合经济建设、文化建设、社会建设和生态建设等维度的多元价值取向和时代选择。20 世纪 80 年代以来，国家各个部门、各级政府陆续发布涵盖乡村建设的多方面政策；我国自2004 年提出"建设社会主义新农村"以来，中央每年发布"一号文件"，更加持续重点关注乡村、聚焦"三农"问题（表 2.1）。

表 2.1　乡村发展政策内容演变

发展阶段	主要政策	"一号文件"关注重点		
1978—1992 乡村建设起步阶段	1982 年成立乡村建设管理局、城乡建设环境保护部，召开全国第二次农村房屋建设工作会议	—		
1993—2004 乡村建设探索阶段	1993 年国务院发布《村庄和集镇规划建设管理条例》；2003 年十六届三中全会提出"统筹城乡发展"；2003 年建设部和国家文物局共同颁布了《中国历史文化名镇（村）评选办法》	—		
		2004 年	调整农业结构，增加农民收入	
2005—2011 乡村建设迅速发展阶段	2005 年党的十六届五中全会明确了乡村建设的重要性和具体要求；建设部颁布《关于村庄整治工作的指导意见》，提出改善农村人居环境；2008 年党的十七届三中全会提出农村建设"三大部署"；颁布《中华人民共和国城乡规划法》	2005 年	提高农业综合生产能力	农业发展农民增收
		2006 年	发展农村经济，社会主义新农村建设	
		2007 年	发展现代农业	
		2008 年	加强农业基础建设，加大"三农"投入	
		2009 年	促进农业稳定发展农民持续增收	
		2010 年	在统筹城乡发展中加大强农惠农力度	
		2011 年	加快农田水利改革和建设	
2012—2017 新型城镇化建设推动阶段	2012 提出新型城镇化战略，强调"人的城镇化"和城镇内涵式发展；2012 年住建部、国家旅游局、财政部为传统村落建立了认定体系；2014 年 3 月，中共中央、国务院印发《国家新型城镇化规划（2014—2020 年）》；2017 年住建部印发了《村庄规划用地分类指南》，对村庄用地类型进行详细规定；党的十九大报告首次提出实施乡村振兴战略	2012 年	加快推进农业科技创新	
		2013 年	进一步增强农村发展活力	
		2014 年	全面深化农村改革	
		2015 年	加快农业现代化建设	扶持建设一批具有历史、地域、民族特点的特色景观旅游村镇
		2016 年	加快农业现代化实现全面小康目标	开展农村人居环境整治行动和美丽宜居乡村建设
		2017 年	推进农业供给侧结构性改革	培育宜居宜业特色村镇

发展阶段	主要政策	"一号文件"关注重点	
2018—至今 乡村振兴战略深化阶段	2018年，中央"一号文件"提出生态宜居是乡村振兴的关键； 2018年，《农村人居环境整治三年行动方案》《农村人居环境整治村庄清洁行动方案》《关于推进农村"厕所革命"专项行动的指导意见》等相继出台； 2022年中共中央办公厅、国务院办公厅印发了《乡村建设行动实施方案》	2018年	对乡村振兴进行战略部署	建设休闲观光园区、森林人家、康养基地、乡村民宿、特色小镇。利用闲置农房发展民宿、养老等项目
		2019年	坚持农业农村优先发展	农村人居环境整治三年行动、村庄基础设施建设工程、农村公共服务水平、加强生态环境保护、强化乡村规划引领
		2020年	脱贫攻坚收官之年	农村公共基础设施、供水保障、人居环境整治、教育、医疗卫生服务、社会保障、公共文化服务以及生态环境治理
		2021年	全面推进乡村振兴、加快农业农村现代化	促进乡村产业、人才、文化、生态、组织振兴，充分发挥农业产品供给、生态屏障、文化传承等功能
		2022年	全面推进乡村振兴重点工作	粮食生产和重要农产品供给、强化现代农业基础支撑、守住不发生规模性返贫底线、产业促进乡村发展、扎实稳妥推进乡村建设、突出实效改进乡村治理、加大政策保障和体制机制创新力度、坚持和加强党对"三农"工作的全面领导

发展阶段	主要政策	"一号文件"关注重点	
	2023 年	全面推进乡村振兴重点工作	夯实粮食安全根基、提升农业综合生产力，推进乡村建设和乡村治理，实现宜居宜业和美乡村建设

资料来源：作者根据资料整理绘制。

可看出，"统筹城乡发展"是我国乡村建设中的重要战略思想，并始终贯彻我国乡村发展和现代化进程，包含规划、产业布局和乡村人居环境等多个方面。城乡交融发展要求城镇和乡村形成相互依存、不可分割的协调动态系统[162]。乡村振兴和新型城镇化要求中都明确提出要将乡村人居环境治理作为乡村发展工作的重要内容。2012 年，党的十八大提出"美丽中国"并开展建设美丽宜居小镇系列工作，为乡村人居环境治理埋下伏笔；2014 年中央"一号文件"提出要重点开展村庄人居环境整治；2015—2017 年中央"一号文件"均明确指出提升农村基础设施，开展农村人居环境整治，推进美丽宜居乡村建设的要求；2017 年党的十九大提出要实施乡村振兴战略，给乡村人居环境治理带来前所未有的历史机遇；2018 年《农村人居环境整治三年行动方案》，提出要改善农村环境、建设宜居乡村，代表着乡村人居环境整治有了具体的规划方案；2019—2021 年，党中央相关部门先后出台了乡村人居环境整治意见、工作要点和行动方案；2022 年，党的二十大再次明确乡村人居环境的重要性（图 2.1）。

2023 年 8 月，国家林业和草原局印发了《林草推进乡村振兴十条意见》[163]，凸显了乡村地区生态系统服务的重要作用。该《意见》的第一条至第六条主要围绕 2023 年中央"一号文件"中涉林草相关内容研究提出，第七条至第十条主要结合国家林草局的主要职能和重点工作谋划提出。其中，前三条突出体现了乡村生态系统服务对乡村可持续、高质量发展的重要作用（表 2.2）。

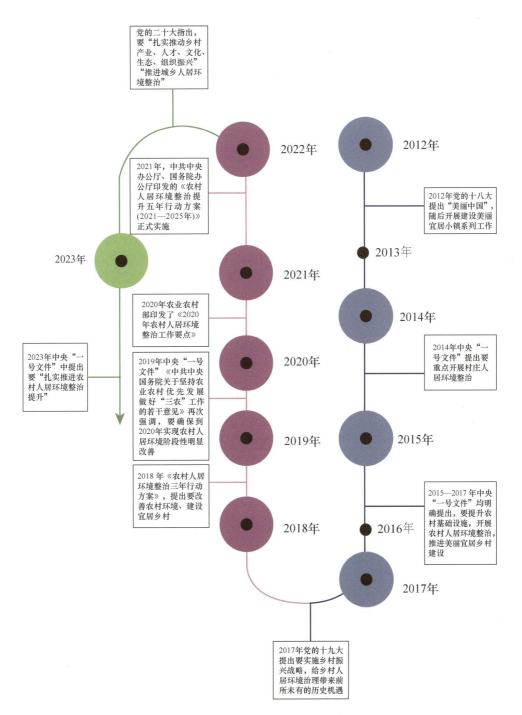

党的二十大指出，要"扎实推动乡村产业、人才、文化、生态、组织振兴""推进城乡人居环境整治"

2021年，中共中央办公厅、国务院办公厅印发的《农村人居环境整治提升五年行动方案（2021—2025年)》正式实施

2020年农业农村部印发了《2020年农村人居环境整治工作要点》

2019年中央"一号文件"《中共中央国务院关于坚持农业农村优先发展做好"三农"工作的若干意见》再次强调，要确保到2020年实现农村人居环境阶段性明显改善

2018 年《农村人居环境整治三年行动方案》，提出要改善农村环境、建设宜居乡村

2023年中央"一号文件"中提出要"扎实推进农村人居环境整治提升"

2012年党的十八大提出"美丽中国"，随后开展建设美丽宜居小镇系列工作

2014年中央"一号文件"提出要重点开展村庄人居环境整治

2015—2017 年中央"一号文件"均明确提出，要提升农村基础设施，开展农村人居环境整治，推进美丽宜居乡村建设

2017年党的十九大提出要实施乡村振兴战略，给乡村人居环境治理带来前所未有的历史机遇

2023年

2022年   2012年
2021年   2013年
2020年   2014年
2019年   2015年
2018年   2016年
          2017年

图 2.1　乡村政策中人居环境相关内容发展脉络
资料来源：作者根据资料整理绘制。

表 2.2 《林草推进乡村振兴十条意见》解读

序号	意见	重点内容	乡村生态系统服务重要作用
第一条	培育健康稳定的乡村林草生态系统	开展乡村造林绿化和草原生态修复；推进荒漠防治、天然林系统修复、湿地保护、退耕还林，改善乡村生态环境；开展国家储备林建设，提升森林质量和碳汇能力；科学推进农田防护林建设	生态系统文化服务：稳定的乡村林草生态系统，可以满足消费者对绿水青山的精神和文化需要。生态系统供给服务：提供良好的生态资源，提供生产优质安全农产品。支持和协调服务：森林的碳汇作用
第二条	推进宜居宜业和美乡村建设	乡村绿化美化，提升村庄绿化覆盖率；乡村生态廊道修复和建设；森林乡村、绿美乡村建设；乡村小微湿地保护；古树名木保护	生态系统文化服务：生态宜居美丽乡村是乡愁的依托和载体，农民的物质载体和精神归属
第三条	构建多元化林草特色产业体系	发展油茶等木本油料产业、林下种植、林草沙特色产业、生态旅游	林草产业高质量发展，生态系统服务向经济和产业转化
第四条	巩固拓展生态脱贫成果	生态保护和脱贫攻坚共同推进	
第五条	深化集体林权制度改革	鼓励国有林场参与集体林权制度改革、允许农民有计划开展森林可持续经营	
第六条	做好定点帮扶工作	做好定点帮扶县的政策帮扶、消费帮扶、科技帮扶	
第七条	提升防灾减灾治理能力	提升乡村森林草原防灭火能力、健全乡村林草有害生物防控机制等	在乡村生态系统服务推进乡村振兴的制度、脱贫、防灾减灾、科技支撑、人才帮扶、乡村治理、资金使用等方面的政策保障
第八条	加强科技支撑和人才帮扶	支持对脱贫人口增收和防灾减灾有重要作用的国家重点研发项目、继续开展国家林草乡土专家和最美科技推广员遴选认定、面向乡村振兴一线人员开展实用技能培训	
第九条	推动乡村两级林长制有序运行	健全完善乡、村两级林长制的组织、责任及考核体系，丰富乡村治理方式，提升乡村治理效能	
第十条	优化乡村振兴林草资金政策保障	加强林草乡村振兴制度顶层设计，推动构建多渠道多元化投入机制，抓好乡村振兴林草重点领域的资金和任务落实	

资料来源：作者根据资料整理绘制。

2.1.2　生态系统服务与乡村可持续发展的关系

生态系统服务对乡村人居环境优化、促进乡村可持续发展有重要作用。乡村地区综合了山水林田湖草沙各类生态系统和村镇聚落[141]，是自然和人工的综合体，对居民福祉提升、生态环境改善、社会经济稳固与乡土文化传承[164]起着多维度作用。

首先，乡村地区生态系统服务为我国城乡发展提供了自然资源支撑，作为涵括了村庄、农田、水体、山体等几乎所有自然要素的综合生态网络，良好的生态系统服务，尤其是农产品供给服务是实现城乡可持续发展的基础和前提。其次，乡村生态系统服务是乡村社会和文化的载体。乡村是兼具生产、生活和生态多重功能的人类活动空间[165]，承载着大量乡土文化、地域风俗、自然教育、田野审美的地区，这些文化服务可为城乡居民提供多样且丰富的人文教育。再次，乡村的经济和产业发展以乡村地区生态系统服务为基础。在乡村振兴战略背景下，乡村产业升级、经济发展和人才引进等方面也逐渐成为乡村可持续发展的不可忽略的重要部分[166]。而具有地域特色和民俗风情的乡村生态系统服务，可为乡村旅游开发、产业融合、农产品升级提供支撑。最后，乡村作为人工与自然的综合体，探索人与自然和谐共生模式是乡村可持续发展的重要议题[167]。在这个综合体内，通过调整土地使用方式可调控生态系统服务、探索多种人地关系的可持续方式。

2.1.3　乡村生态系统服务与高质量发展的关系

高质量发展是习近平新时代中国特色社会主义思想的重要内容，也是经济发展理论的重大创新。高质量发展的理论基础包括可持续发展、人居环境科学、福利经济学等相关理论和方法。乡村可持续发展是高质量发展的基础之一，不仅要求发展过程的高效、优质，同时，乡村高质量发展还关注以人为尺度的人居环境营造，将乡村发展建设与人的根本需求紧密联系；此外，关注社会公平与效率的福利经济学也是高质量发展理论的重要支撑，乡村高质量发展的过程中，不能单纯地追求物质水平和经济总量的增加，还应注重乡村发展惠及人群的均衡性、生态资源空间配置效率的最大化。实施乡村振兴战略，是党的十九大做出的重大决策部署，"推进乡村绿色发展，打造人与自然和谐共生发展新格局"是乡村振兴的内在要求。2021 年 6 月实施的《中华人民共和国乡村振兴促进法》指出"要统筹山水林田湖草沙系统治理，推动绿色发展，推进生态文明建设"。2021 年，国家先后出台《关于推动城乡建设绿色发展的意见》和《2030 年前碳达峰行动方案》，都对我国城乡建设绿色发展提出了更高的要求。

就乡村发展建设而言，高质量发展有 4 个维度的内涵。① 体现人民的真实需求。乡村高质量发展需要正面回应社会矛盾的变化，着力解决居民消费需求的变化、生产力水平变化、不充分不均衡的发展，确立正确的发展方向，紧扣人民的生活需求发展。② 质量优先于速度和规模。高质量发展必须注重质量和效益，但不是不关注速度与规模，而是要实现有机统一。高质量发展同样需要实现乡村的快速发展，形成强大的规模效应，但不是一味地强调速度与数量，是在保障质量和效益的前提下实现的快速发展。③ 全面协调可持续。实现乡村的全面协调可持续发展，是实现高质量发展的根本途径。高质量发展就是要实现乡村的经济、社会、文化、空间资源、城乡关系等领域的均衡发展，协调好发展与空间的关系、发展与时间的关系，达到可持续发展的目的。④ 资源、环境成本最小化。高质量发展需要规避城镇规模蔓延式扩张，空间环境品质差，土地、空间、自然资源的低效利用，生态破坏等负面效应，实现社会经济发展与生态保护的平衡。降低乡村发展对自然资源的消耗，减少污染物的排放，以最小的资源、环境成本，实现乡村发展效益的最大化。

乡村高质量发展离不开乡村建设和农业发展两方面，其中生态是农村和农业发展的根本基础。乡村生态系统服务为乡村解决和处理生态环境问题提供系统的方法论和实现路径。

2.2　理论基础

2.2.1　生态系统服务与人类健康

2.2.1.1　人类健康内涵

人类健康是一个综合性的概念，有许多理论解释了人类健康的复杂性，主要理论包括可体现传统医学观点的生物医学模型、社会-心理-生理模型、健康生态学、社会决定健康模型、健康资本理论等。这些理论在不同层面对人类健康进行了解释，并有较多近似之处。在实际应用中，往往采用综合性、跨学科的方法来理解和促进人类健康。目前广泛认可的是世界卫生组织（WHO）1948 年在其宪章中提出的三维健康观："健康不仅是无疾病或不虚弱，而是身体上、精神上和社会适应方面的完好状态[168]。"即人类健康涵盖了生理健康、心理健康和社会适应的完满状态这三个维度。Opdam 等人将健康的内涵进一步阐释为六个更具有操作性的维度，包括身体机能、心理功能和感知、精神状态、生活质量、社会参与度、日常功能，其中前五个共同作用成为第六项[169]（图 2.2）。

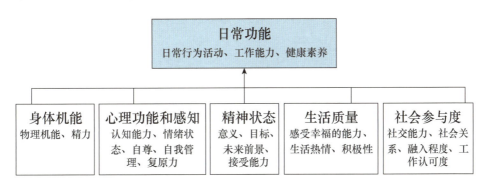

图 2.2　人类健康"1+5"个维度
资料来源：作者根据参考文献[169]绘制。

2.2.1.2　健康乡村内涵

"健康乡村"理念随着"健康城市"概念的出现而产生，并开始影响城乡规划建设[170]。世界卫生组织于 1989 年首次正式提出了"健康乡村"的概念，并将其视为健康城市工作的延伸。健康乡村的特征包括：较低的传染病发病率，可享有基本保健服务，稳定、和平的社会环境。同时，健康乡村是一项解决乡村快速城镇化过程中所产生的环境健康相关问题的综合策略，其建设目标在于实现公共卫生和健康公平目标的创新性结合。但是，"健康乡村"概念又有其复杂性，缺乏一致的界定，主要原因是：第一，概念内容庞杂。健康乡村是综合性概念，既可以从社会文化、和睦家庭、和谐社区、专业护理、大同社会和青年的社会融入情况分析，也可以基于传染病发病率基本健康治疗与服务、乡村和谐状态、应对紧急状况、精神状态的保持、社会地位及自尊心的培养等方面加以解读。第二，概念面向模糊。"健康乡村"虽以多元参与、平等主体和多重目标的实现等作为综合追求，但其概念建构也易受到主客观因素的共同影响，在物质水平、环境要素、人口状况、政策文本等各类内外部条件下表现出面向模糊的特征。国内外关于健康乡村研究在关注领域和研究主题方面存在共性，研究内容主要集中在乡村居民个体健康影响因素、乡村中的特殊群体健康、乡村健康风险与健康保障等三个方面[171]。可见，"健康乡村"研究更关注乡村居民个体的健康，多指乡村在居民身心、社会关系与社会保障、人居环境、生活水平、经济发展、公共服务等方面实现以"人类健康"为核心的"可持续"发展[172]。《"健康中国2030"规划纲要》明确提出应将健康融入城乡规划、建设和治理全过程，全面建立健康评价制度。以乡村居民健康为导向推动乡村规划和建设已经成为重要关注点[173]。

2.2.1.3 生态系统服务与人类健康

生态系统服务对于人类健康至关重要[174]。乡村居民健康与乡村生态系统服务质量密切相关，健康的乡村生态系统服务可为居民带来自然、环境、社会关系等多方面的积极影响。优质的生态系统服务对乡村居民的生理健康、心理健康、社会适应健康有直接的益处。而且，健康具有经济和社会的双重影响，如疾病预防可以降低医疗的社会成本[169]。生态系统对人类健康的影响大致可分为三类[169]：一是直接影响，如自然灾害；二是生态系统作为媒介带来的影响，如疾病传染、粮食生产；三是间接影响，如失去家园和住所。其中第二类属于生态系统服务对人类健康的主要影响类型。

人类生活的诸多方面得益于健康的生态系统，包括食物供给、洁净的空气和水、温度调节以及大自然均衡的授粉等，良好的自然体验对人类心理健康也极具价值[175]。生物多样性在一定程度上可以改善健康，如减少某些过敏和呼吸道疾病[176]。如健康的乡村生态系统供给服务可为乡村居民提供健康的食物、饮用水及其他生活资料；健康的调节服务可调控生成优良的空气和土壤；健康的文化服务可提供良好的户外活动场所和提供丰富的自然感知，具有缓解压力、愉悦身心等积极作用，可有效促进户外体力活动的频率与时长，给居民提供社会交往的户外场所，有益于提升乡村居民的身心健康水平。总体来说，生态系统服务从粮食安全、饮水安全、空气质量安全角度，可降低人类身体和心理的患病几率，提高运动能力和免疫能力，提供高品质的社交场所。

乡村中分布最广泛的农田生态系统是人类生存和发展的基础，对于城乡居民都有着非常重要的意义[177]。它源源不断地提供着健康粮食和蔬果供给服务。在调节服务方面，它能够改善生态环境、改变小气候、增加湿度、产生降水等。生物多样性在减缓高温、降低噪声、减少空气污染物方面的调节作用对健康有积极影响。在支持服务方面，农作物的轮作耕种为土壤循环、碳循环、碳固定起着重要作用。物种多样性与人类的身体和心理健康存在正相关关系[178]。在文化服务方面，它可提供农田景观和田野文化教育。乡村公共空间提供的文化服务可促进居民有益健康的行为[179]，如锻炼身体、社会交往等，或能缓解人的孤寂等精神压力和心理疲劳，进而间接地影响健康。良好的公共空间还能提供遮阴和美化物质空间的功能。

目前，"生态系统服务"与"健康"结合的研究在城乡规划、地理学、生态学和环境科学等领域已积累了大量成果，主要研究主题包括生态系统健康及生态系统服务对人类健康的影响，前者是后者的前提和基础，且可通过后者的评价对前者进行评估。首先，关于生态系统健康的内涵和实践已经被研究了几十年[180]。早期的研究倾向于从生态学角度解释生态系统健康，并强调其结构和功能的完整性[181, 182]，而近10年的研究人员加入人为因素，认为生态系统健康是指人与自然系统耦合的整体健康[183, 184]。从人与自然耦合系统的角度来看，生态系统健康被广泛定义为维持生态系统的组织结构、自我调节、长期承受压力的能力以及以可持续的方式满足人类需求的能力[184, 185]。在此背景下，可持续提供生态系统服务是健康生态系统的基本属性。其次，关于生态系统服务对人类健康影响的研究逐步增多。生态系统服务和人类健康正日益融入"同一健康"概念，健康的生态系统服务有巨大的造福人类健康的潜力，益处包括有形材料（如食物、收入）和复原力（如土壤循环等支持性生态系统服务）、美学、文化、娱乐、社会经济和精神益处、心理益处、传染病传播和流行的调节，以及生理益处，因此必须重视生态系统服务每项类别对人类健康的贡献[186]。乡村生态系统必须是稳定和可持续的[187]。当人类活动或外界扰动达到这个阈值时，乡村系统的结构和功能就会受到破坏，稳定性减弱，并对乡村系统造成不可逆的损害，导致乡村系统发生退化，例如出现环境污染、水土流失、生物多样性减少等自然生态系统的恶化，进而影响乡村居民健康。在生态系统服务评估研究中考虑人类健康具有重要意义[169]。

2.2.2　生态系统服务与乡村韧性

2.2.2.1　韧性内涵

"韧性"（resilience）理念源于 19 世纪 50 年代的物理学领域，指物体受外力作用变形后恢复至原来状态的一种性质[188]。随着相关研究的不断深入，"韧性"已从早期一维的工程韧性、生态韧性向包含生态、工程、经济、社会等多维视角的演化韧性转变。沿着"工程韧性—生态韧性—演进韧性"这一变化路径，韧性的概念内涵从注重研究对象的恢复力转向注重存续性，再到注重学习与适应能力。

当前，学术界对韧性的概念可定义为"系统在应对压力、扰动因素和限制条件时，所呈现的变化、适应和转变的能力"[189]。韧性理念为社会发展新背景下我国乡村可持续发展目标提供了新思路[190]。早期的城市和乡村韧性研究主要集中在应对灾害的方面，但从韧性的本质来看，灾害仅仅是各种扰动中的一种。

2.2.2.2　乡村韧性内涵

国内外学者在 21 世纪初把韧性的概念引入乡村领域，面对当今多元、复杂的全球发展背景和我国社会主义发展新需求，以及社会、经济、政策出现的多方面变化，对乡村产生了较为强烈的扰动和影响。

韧性在乡村的研究中也逐渐把关注点从单一的气象灾害研究逐渐扩展到产业经济、社会变迁等扰动研究，对乡村韧性的定义也在不断地变化和丰富。在强调乡村系统与其他系统的韧性关联时，"乡村韧性"是通过适应、学习、更新从而和其他关联系统共同发展；在关注风险应对时，"乡村韧性"强调乡村主体在不确定性、不可预测性和意外性的变化环境中的应对能力，体现村民主体对外界干扰或变化（社会生产方式、居民生活方式、自然环境过程等）的适应性和创造转变的能力[191]。虽然乡村韧性在不同学者、不同视角下的概念有所区别，但是概念围绕的核心离不开韧性系统的抵御、修复和自组织更新的特点。

因此，对乡村韧性的认知逐渐从狭义的灾害视角扩展到广义的综合视角，变成了探讨乡村整体应对外界各种变化和干扰的适应和转型能力，这一转变为乡村研究提供了新的思路[190]。乡村韧性不再仅体现为早期研究阶段的"工程韧性"或"生态韧性"，而转变为一种在应对外部扰动下持续的变化、应对、适应和转变的状态，最终转化为"新常态"的"演进韧性"[190, 192]（图 2.3～图 2.5）。

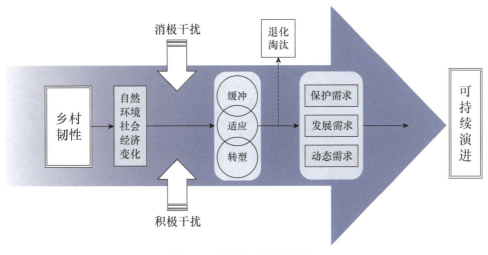

图 2.3　乡村的"演进韧性"
图片来源：作者自绘。

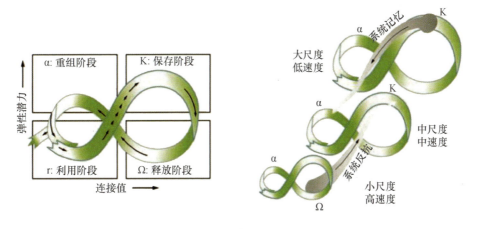

图 2.4　韧性循环演进
图片来源：参考文献［193］。

因此，探讨如何提升乡村韧性，使其在受到外部力量介入时具备较强的"变化、适应和改变能力"[189]，对现阶段乡村的可持续发展具有重要的理论价值和现实意义。历经改革开放后快速城镇化、工业化和现代化的过程，我国乡村地区的产业衰退、人口流失等问题日趋显著，对人才、资本等要素的吸引力逐渐降低。随着国家乡村振兴战略向纵深推进，乡村地区迎来了政策、市场、社会等全方位资源的导入。但乡村地区的发展如何用好介入的外部力量来激活乡村发展的

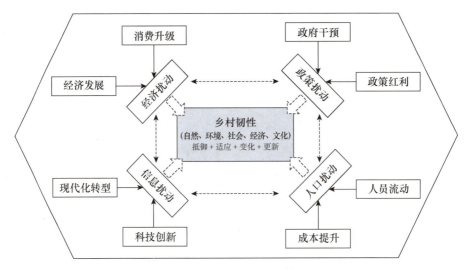

图 2.5　外界扰动下的乡村韧性示意

图片来源：作者自绘。

内生动力，从而促进乡村可持续发展，即构建"乡村韧性机制"成为亟待研究的重要命题[194]。

2.2.2.3　生态系统服务与乡村韧性

乡村自然生态系统通过提供多种生态系统服务来增强乡村系统韧性。第一，乡村生态系统提供粮食、蔬果供给服务，是乡村居民生活基本保障。第二，乡村生态系统服务提供土壤生成、养分循环等支持服务，可保持农田的持续耕作韧性。第三，乡村生态系统服务的调节服务为城乡气候、温湿度起到重要调控作用。第四，生态系统中的文化服务，能够增强保护、传承、发扬乡土文化。其他方面，乡村生态系统服务是村镇预防自然灾害中的重要组成部分，可减少或者及时应对生态系统失衡而出现的洪灾、虫灾和旱灾，人类病毒在乡村中的扩散速度也远低于城市，也可为城镇灾后避难和灾后重建提供空间场所。整体来说，乡村生态系统服务通过自然过程维持乡村系统的韧性，加强乡村系统应对极端气候事件和经济、社会等外界不确定干扰的能力。

由此可见，生态系统服务与乡村韧性具有非常紧密的联系，乡村自然系统持续提供稳定生态系统服务的能力可以是乡村社会、经济、人口韧性的基础。生态系统服务与乡村韧性之间存在着以下联系（图 2.6）。

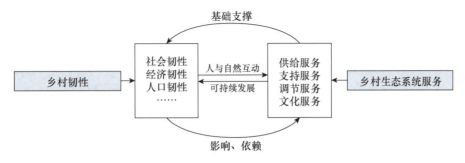

图 2.6 乡村韧性与生态系统服务关联分析

图片来源：作者自绘。

（1）乡村作为一个复合的系统，其韧性不仅仅关注气候变化导致的自然生态方面的灾害和事件时的应对，还包括经济韧性和社会韧性等多方面韧性。生态系统服务是促进乡村韧性的基础，乡村生态系统服务本身的健康和韧性是乡村韧性的关键前提。

（2）生态系统服务与乡村韧性互相影响、互相依赖，乡村社会、经济、人口韧性也会影响生态系统服务的提供和产生。

（3）乡村韧性和生态系统服务韧性联系密切。两者都是为了乡村的可持续发展提供永续的人类福祉，均需要处理人与自然的关系来实现人与自然的和谐共生。

2.2.3 生态系统服务与乡村低碳

2.2.3.1 低碳内涵

低碳的本意是降低大气中碳的含量，即指降低以"二氧化碳"为主的温室气体（包括 CO_2、CH_4、N_2O、$HFCs$、$PFCs$、SF_6 等六种气体）排放。"低碳"的概念从两个角度处理人与自然的关系：一是降低碳排放量，即减少温室气体的释放；二是提高碳汇，即增加生态系统对碳的吸收和固定能力。低碳旨在倡导一种低能耗、低污染、低排放为基础的经济模式，减少有害气体排放。"低碳"的概念相比生态概念来说，更为明确且具备可操作性，也是可持续发展理念的深化和一种表征方式。

2.2.3.2 低碳乡村内涵

1991 年，丹麦首次提出了"低碳乡村"这一概念，将"低碳"与"乡村"相结合。在该概念中，强调低碳乡村是一种在农村及其环境中可持续发展的居住地，注重恢复自然与人类社会中的循环系统。概念还表明了低碳乡村具有三大特征：低碳生产、低碳种植以及清洁能源结构。2010年以来，学者吴永常[195]、董魏魏[196]等都对低碳乡村的理念进行了阐释。经归纳总结，学界对低碳乡村的认识包括三个方面共识。首先，认为低碳乡村必须以乡村经济发展为首要基础，经济的发展能增加农民收入，并为低碳乡村的可持续发展提供物质基础。其次，广泛采用各种低碳技术和清洁能源，是降低生产生活中碳排放的关键。最后，现代化农业发展在低碳乡村概念中有着重要意义和作用。低碳乡村的定义不仅仅意味着减少碳排放量，还包括乡村社会进步、环境修复、经济增长以及传承保留在地传统文化等多个方面。总体而言，低碳乡村的发展目标是实现经济、社会、生态不断进步，农民生活品质不断提高的同时，最大限度地减少温室气体的排放，增加碳汇，实现乡村地区的可持续发展，并确保人与自然、人与社会的和谐共生。

低碳理念较常提及的术语包括碳汇、碳源和碳汇系数。碳汇是指生态系统固定的碳量大于排放的碳量，这样的生态系统能够吸收更多的CO_2，并将其固定在植物、土壤等中，从而成为大气中CO_2的汇。而碳源则相反，指生态系统固定的碳量小于排放的碳量，导致向大气中释放更多的CO_2，使其成为大气中CO_2的源。在衡量碳排放或固定强度时，通常使用碳汇系数，指单位用地面积和单位时间内碳的排放量或固定量。这个指标能够量化特定地区或生态系统的碳排放或碳固定情况，帮助评价和控制碳的释放与吸收状况，从而实现低碳目标和可持续发展。

我国县域城镇碳排放总量约占全国50%以上[197]，是实现"双碳"目标的重要治理区域[198]。乡村地区占我国国土面积的95%以上，具有丰富的自然资源和重要的生态保护功能，因此乡村地区是实现我国"双碳"目标的重要空间[199]。2021年国家发展和改革委员会《国家新型城镇化规划（2021—2035年）》专家咨询委员会提出，通过创新智慧、绿色、韧性城乡规划实现"双碳"目标下的新型城镇化。我国乡村人均生活用能在2000—2012年呈上涨态势，以10%的年均增长率远超城镇4%的增长率，其中生活能源消费占据主要地位，而且华北乡村碳排放高居首位，如河北和山东乡村[200]。

我国也进一步对乡村低碳化建设与发展提出了新要求。2022年5月，由农业农村部、国家发展和改革委员会联合印发的《农业农村减排固碳实施方案》提出，到 2025 年农业农村减排固碳与粮食安全、乡村振兴、农业农村现代化统筹融合的格局基本形成，农业农村绿色低碳发展取得积极成效；到 2030 年农业农村绿色低碳发展取得显著成效。

2.2.3.3 生态系统服务与乡村低碳

乡村生态系统服务水平直接影响乡村低碳的实现。低碳乡村包括碳排放和碳吸收，即碳排和碳汇。农村地区的生态用地，如农田、水系、林地等用地可在碳汇方面发挥重要作用，提供了丰富的自然和人工生态系统服务，是实现碳中和的重要方式。

广大农村地区不仅是碳排放来源，也是重要的碳减排区。2019 年，全球人类排放的 CO_2 当量中有 31% 来自农粮系统，总计 170 亿吨。与此同时，农业生态系统能够抵消 80% 因农业导致的全球温室气体排放[201]。农村地区拥有的农田、水系、林地等丰富的自然和人工生态系统服务是实现碳中和的关键生态用地。

乡村生态空间管控研究已经开始与生态系统服务研究相结合，研究趋势是通过分析不同尺度下土地利用类型（如农田、林地等）的生态系统服务特征和水平，进而制定特定服务能力，如生物多样性水平、供给服务能力等的供需分析研判，并在此基础上提出提升目标。生态系统服务的相对稳定性对于中国经济社会发展至关重要，农村地区的林地、作物、土壤碳汇是生态系统服务研究的重要内容。

2.2.4 乡村健康、韧性、低碳的互促关联

对乡村系统内部来说，乡村居民公共健康是乡村稳定和持续发展的基础，生态系统可提供健康安全的供给服务和协调服务，如持续平稳、质量安全的粮食、蔬果和淡水供给，以及适宜的温湿度调节服务，可为乡村居民健康提供基本物质保障和良好的生态环境支撑。

对乡村系统外部来说，在乡村居民健康的基础上，稳定且充足的生态系统服务会带来一系列后续延伸效益并促进增强乡村系统韧性，如自然生态系统平衡可预防灾害发生，稳固的乡村居民健康状态可增强乡村社会、经济、文化系统韧性，在受到外界冲击时具备缓冲、变化和适应的能力，从而实现乡村的自我成长及与外界的融合。在健康的基础上，韧性的适应变化能力是乡村可持续发展的重要属性。

乡村系统处在开放的生态环境中，碳循环发生在全球范围内。乡村生态系统中的林地、湿地、草地等用地是重要的碳汇（碳固定）用地，带来的低碳效益可为城乡发展和全球生态系统稳定做出长久贡献。从可持续发展角度看，高碳排放带来的影响将使乡村本身和外部环境失去平衡，冲击乡村系统内部健康和韧性，不利于乡村的可持续发展。乡村生态系统服务低碳从宏观空间和时间角度来看，对乡村的发展至关重要。图 2.7 可表达乡村生态系统服务健康、韧性、低碳三者的关联和互促关系。

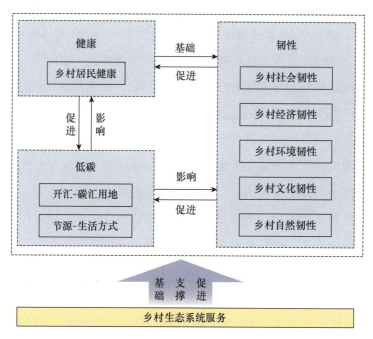

图 2.7 乡村健康、韧性、低碳关系框架
图片来源：作者自绘。

2.3 实践基础

2.3.1 国外乡村生态发展实践

（1）乡村生态系统服务认知源起：从单一农业生产功能到多重内涵

20 世纪上半叶，西方国家的城市迅速发展，乡村地区发展被相对忽视。尤其在工业革命之后，各国政府采取偏向工业、轻视农业的政策[202]。二战期间西

方国家遭遇粮食紧缩危机，于是战后重新对乡村生产功能产生高度重视，普遍认为"生产"是乡村的基础性和中心性功能，将粮食生产放到首位。通过倡导"生产主义"思潮[203]，欧美国家积极推动农业生产力的发展。为了保证粮食产量的增长，英国等国出台了《农业法》等一系列政策，并采取农业补贴、公共资源均等化政策来保护农产品价格[204]。1945 年到 20 世纪 70 年代后期是乡村的生产主义时代，乡村的功能被视为单一的农业生产，该时期的乡村发展以农业为主展开[205]，这是早期对乡村生态系统供给服务的重要性认知。

20 世纪 80 年代，以西方国家为主导开始在全球范围进行粮食贸易活动。西方国家农业生产过于追求产业化和规模化，农药和化肥的广泛使用造成乡村环境污染，公众开始关注环境问题。因乡村系统之间的互相影响，一系列的后续危机开始爆发，导致乡村社会结构变动、乡村公共设施不足、农民失业等。于是，生产主义思想主导的乡村发展逐渐消退，"后生产主义"乡村时代到来。西方国家开始认识到乡村不仅有生产功能，还具有物种多样性保护等生态功能、景观审美等教育功能、就业岗位提供等经济功能。因此他们建议从重视农产品产量转向重视农产品质量，要维持可持续耕作的土壤等生态条件[206]。欧盟的共同农业政策也呼应这个理念，出台改革措施用以整治农业生产污染、降低农业生产强度。

乡村规划建设中逐渐纳入环境保护和生态理念（表 2.3）。回溯至 1985 年，美国学者 C. 麦克劳克林和 G. 戴维森提出了"生态村"（ecovillage）的概念。概念描述了小规模、不受行政等级限制的社区，并且通过"创新性地解决问题"来促进人类与自然之间的联系[207]。随后，美国学者 R. 吉尔曼（Robert Gilman）[208]、中国学者岳晓鹏等[209]先后阐释了生态村的内涵，主张以可持续为发展目标，采用对自然环境影响最低的乡村发展模式，在农业生产、乡村建筑、生活能源利用方面按当地生态规律进行低耗的乡村发展活动。生态村的建设实践也在全球范围内不断涌现[210]。如丹麦、瑞典、德国等北欧国家，以及美国和日本推行了"生态村"建设，它们积极倡导集体生活和协作，在社区建设、能源消耗、食物生产和废物处理等领域采用具有创新性的适宜技术，以向公众展示可持续的健康生活方式。这不仅可以保护乡村生态环境，还可延续乡村人文、历史、自然和故乡等特征。根据 GEN 不完全数据，全球已出现 445 个"生态村"。关于全球"生态村"

的所有制模式，由于异质性较大，无法套用统一模式，且因为不同地区的经济制度、土地政策等不同而具有不同特点[207]。

表 2.3　第二次世界大战之后欧洲乡村发展实践与生态系统服务认知演进

时期	背景	乡村发展实践	生态系统服务认知阶段
1945 年到 20 世纪 70 年代后期	战后重建阶段高度重视粮食安全；经济高潮带动城市区域化扩张，乡村人口向城市快速流动	通过农业补贴鼓励农业现代化、规模化发展；通过基础设施建设鼓励乡村工业发展；乡村规划以保护农地为基本原则，重点关注集镇建设，"在乡村中发展城市功能"	单一的粮食供给服务
20 世纪 70—80 年代	石油危机后经济发展放缓，乡村工业破产，城市化放缓，城乡结构调整；社会、文化和环境问题受到关注	推行整合型乡村发展，将经济、社会和环境目标相融合，乡村发展的部门政策向地域政策转变，重视乡村特色风貌景观保护	供给服务与经济、社会、环境发展相结合；开始重视文化服务
20 世纪 90 年代以后	全球气候变化推动可持续发展成为共识；高度城市化阶段乡村地区人口空间持续重组	以地方发展团体为主导的乡村发展实践不断推进；气候适应性农业、生物能源村、分散式基础设施等绿色低碳导向的乡村发展策略不断探索；重视空间规划在乡村地域塑造和可持续发展中的核心作用	生态系统服务内涵的全面认知

资料来源：根据文献 [211] 绘制。

（2）乡村生态系统服务内涵拓展：人类健康、生物多样性与人地关系

在工业革命之后，西方国家面临了一系列城市问题，包括疾病蔓延、卫生状况恶化、环境污染以及公共空间不足等，这些问题统称为"城市病"。这些问题不仅对城市产生了负面影响，还波及了乡村。大规模的乡村土地被占用和开发，传统的自然资源和人文景观遭受破坏，乡村景观经历了剧烈的变化。英国乡村保护协会（CPRE）在 1926 年应运而生，试图通过规划、区域划分和综合配置来遏制城市的无限制发展，以避免城市发展对乡村造成不可逆转的伤害[212]。该组织促使英国颁布了多项环保法律，比如 1947 年颁布的《城乡规划法》（The Town and Country Planning Act），对乡村土地的开发和建设进行

了严格的控制。英国的乡村规划强调可持续发展，从多个角度重新审视乡村的独特性和丰富性，并针对不同乡村问题的严重程度，制定了相应的规划策略，包括振兴农业经济、重振乡村社会、复兴乡村文化和改善居住环境等[213]。至今，英国已经建立了相对完善的规划体系，并逐渐形成了一套严密的城乡规划法规政策体系[214]。德国的乡村规划和建设经历了起步、提升、扩展和完善4 个阶段，每个阶段都强调了相关政策和法规的限制和引导作用。德国颁布了一系列专门法规，包括《土地整理法》《景观保护法》等，以确保乡村规划建设达到生态和可持续发展目标[215]。二战后日本推行新村政策，高度重视生态规划工作，广泛采用清洁能源利用方式和生态化规划策略，如太阳能光伏发电以及循环利用雨水、污水和垃圾等[216]。

乡村景观作为生态系统文化服务的一部分，在 20 世纪初到 20 世纪 50 年代进入初步发展阶段，各个领域比如地理学开始涉足乡村景观研究。乡村地理学主要关注乡村景观的外部形式、功能和种类。二战结束后，西方国家的乡村经历了长时间的建设阶段，最终实现了传统乡村向现代化乡村，以及现代化乡村向生态化乡村的转型。乡村景观风貌是乡村物质环境特征的综合表现，需要经过长时间建设才能逐渐达到稳定。20 世纪 50—60 年代，各国学者和专家开始重视乡村景观中的土地利用与规划，他们将生态学的研究方法引入乡村地理学中。

近 20 年来，乡村景观研究进入新的发展阶段。在这一时期，美国设计师麦克哈格、海德格尔，日本建筑师原广司等许多知名景观设计师出版了相关著作，宣传人与自然、乡村聚落景观等方面的思想。此外，国外学者也越来越关注乡村生物多样性，如 Katherine C. Santos[217] 对巴塞罗那地区开放鸟类栖息地与乡村景观多样性之间的关系进行了分析。Nagaike[218] 研究了日本中部本水青冈植被带乡村地区景观多样性影响因素的变化。还有学者专注于研究人造景观，如梯田[219]和历史遗产景观[220] 对乡村景观的影响。乡村生态和景观建设领域的理论和实践变得多元化。

在过去的十多年里，地理学、测量学和生态学领域的学者开始进入乡村景观研究，通过地图分析和实地勘察来获得数据，并通过定性描述的方式进行表达。通过运用 GIS、RS 等计算机软件平台，实现了对乡村景观的多时相、多尺度的动态演变、模拟分析和可视化呈现[221, 222]。一些学者还将量化方法应用到乡村景观空间，如荷兰学者 Willemen Louise[223] 对乡村地区的各种景观生态功能空间进行了研究，量化并制作了有关居住、饲养牲畜、文化遗产、旅游、耕地等 7 个景观生态功能的指标地图。这些研究成果有助于制定和评价相关政策。随着研究的深入，越来越多的研究方法被引入，乡村景观的研究领域不断扩展[224, 225]，促进了乡村景观研究的良性发展。乡村景观格局受地形、自然资源、村落聚落形态、土地功能利用等多方面的影响，也是乡村复杂生态系统的呈现方式之一。此外，乡村景观研究越来越注重人地关系的影响，以及对生态环境和文化景观的保护[226, 227]，表现出多元化的研究趋势。

（3）以生态系统服务为基础的各国乡村韧性提升：经济激活和多元发展

欧盟政策对欧洲发述国家的农业农村现代化起到重要推动作用[228]。20 世纪 50 年代，多数西方发达国家经历了乡村衰败和乡村建设复兴的过程。针对上述问题，1988 年欧共体在《乡村的未来》文件中提出了"多功能"的重要理念。希望通过多功能农业，增加农民农业收入和就业机会，构建农业体系，合理配置各类乡村资源和设施。从乡村、乡村社区、宏观区域等不同尺度中实现农业的多功能理念。

法国于 1970 年开始[229]，推行乡村土地的合理利用和环境保护政策，保证农业高效生产的同时，促进乡村工业和服务业发展，完善公共服务基础设施，重点扶持薄弱乡村[230]。城郊乡村出现人口回流[231]，城镇化速率放缓[232]。

荷兰在 19 世纪 20 年代便完成了全国土地改造和所有权调整[233]，同时进行乡村道路等基础设施建设，注重保护生态栖息地[234]，以乡村居民的多元需求为导向[232]。注重保存乡村文化、培育乡村生机[235]。调整后的土地布局规整，有利于农业机械化发展，也形成了长条形、连续的典型农业景观形态[236]。

日本于 1955 年起先后开展了三次"新农村建设"[237]，推进乡村基础设施规划与建设，引入非农产业，提高乡村在地就业与非农就业，开展农机推广、加强职业农民教育。针对青年人口外流的乡村"过疏化""老龄化"现象，提出以乡村社区为主导、开展自我发展的"造村运动"（即造町运动）[238]。绝大部分农民参与"农业协同组织"（简称农协）[239]。

韩国在 1970 年开展的"新村运动"是农业农村现代化建设的开端[240]。通过道路、公共设施提升乡村居住生活环境，以农田水利设施、发展多种经营、加强特色种植业、开展农工开发区促进乡村产业发展，缩小城乡差距。政府通过提供财政和技术支持，鼓励农民进行自主建设新农村，乡村的物质环境得到显著提升。

各项多功能农业政策也鼓励发展农业旅游与乡村旅游[241]，将乡村特征作为经济发展的资源。研究表明休闲农业和生态旅游虽具有一定有限性，但可以增加就业机会、提升乡村居民收入；适度的乡村旅游可以促进地方文化认同和遗产保护。总体来说，政策支持、乡村居民增收愿望、旅游基础设施完善和旅游管理服务提升等，是推动乡村旅游发展的重要因素。

（4）以人本位理念的发扬：村民参与的乡村自治理论

乡村的衰败是中西方国家现代化进程中面临的共同问题，欧美发达国家曾一度寄希望于耗资巨大的发展项目来推动欠发达地区农村的发展。但发展项目的进入并未使乡村问题得到实质性解决。从 20 世纪 80 年代开始，逐渐有学者开始反思西方农村发展干预的策略。英国苏塞克斯大学（University of Sussex）发展研究所的罗伯特·钱伯斯是该领域的先行者。面对发展项目在第三世界国家"失效"的现状，钱伯斯深入反思问题产生的理念根源，围绕发展项目的参与主体重新思考发展问题，并于 1983 年出版《农村发展：以末为先》一书，倡导在农村发展中要转换发展思维，将以农民、农村为代表的地方性要素置于优先考虑的地位，以平等、尊重的态度对待相对弱势的群体、组织或地区[242]。

西方政府通过政策干预推动乡村多元化发展，在解决乡村经济衰退困境方面取得阶段性成效，但也遇到乡村地方价值忽视和地方自主发展能动性受限等问题，乡村生态、经济、文化等发展受阻或失去传承。在此背景下，公众参与开始受到关注。公众参与的城市设计或建筑设计运动出现于 20 世纪 70 年代，如英国的"社区建筑运动"[243]，美国的"社会的建筑"[244]等。此后该理念扩展到亚洲的日本、韩国等，20 世纪 80 年代末被引入中国。在外源发展模式面临诸多现实问题的情况下，乡村发展的理论与实践开始转向探寻其内源动力，希望鼓励公众参与和内生发展解决困境。联合国于 1975 年正式提出了"内生发展"的概念[245]，强调基于地方内生力量推动发展[246]。一些学者[247]认为内生发展是一个涉及本地社区各种利益团体的动员过程，公共参与的方式应呈现多样性[248]。

随着全球化和现代化的推进，人们逐渐认识到乡村是一个综合体系，应尊重乡村与外部环境的互动，有效利用外部经济、技术和人力等资源，同时激发内生动力，使乡村不再被视为依附或被改造，而是与城市建立平等互融的关系。总之，乡村内生动力具有特殊性[249]，涵盖集体动力、集体目标、集体行动和集体规则，其核心目标是通过地方居民的参与来推动乡村的可持续发展[250]。

（5）多学科研究融合：乡村人居环境研究

工业革命之后，国外对于乡村人居环境的研究主要集中在两个方面：一是从人文地理视角对乡村区位、功能、土地利用方式和聚落形态进行研究；二是从规划学、建筑学的视角，以霍华德、格迪斯为代表，主张乡村与城市协同作用，共同纳入区域规划的综合体系，促进区域人居环境的完善。1942 年希腊学者 C. A. 道萨迪亚斯（C. A. Doxiadis）首次提出"人类聚居学"（ekistics）的概念，将"传统的建筑学扩展为小到村镇、大到城市带的整个人类居住环境"。

第二次世界大战结束至 20 世纪 90 年代，随着人们对于城市化引起的粮食安全、生态破坏、人居环境恶化等问题的反思，西方乡村人居环境研究开始被正式纳入人居环境研究的框架体系之中，人居环境的演变呈现出城乡统筹、区域一体化的趋势。西方发达国家的乡村主要经历了"农业振兴—乡村综合发展—乡村环境保护"等不同发展阶段，乡村发展研究和乡村转型研究成为国外乡村人居环境研究的主要方向。这一时期的乡村人居环境研究主要是从建筑学、经济学、地理学、生态学、环境学、政治学等各类学科视角出发，不断扩展人居环境研究的内涵。在乡村发展研究方面，城乡关系的调节成为关注的重点，主要的研究视角包括乡村贫困援助战略，城乡交通设施体系建设，城乡劳动力迁移，城市化、工业化对乡村聚落发展的影响。同时，乡村振兴发展研究从西方发达国家向第三世界国家拓展，对于亚洲、非洲、南美洲、东欧等地的乡村发展模式探讨逐渐增加。

自 20 世纪 90 年代以来，许多西方国家的乡村进入了后城市化时代的乡村转型期，伴随着这一转型，人们对乡村景观、乡村文化保护以及乡村休闲娱乐的需求逐渐增强。在此过程中，欧盟的公共农业政策（CAP）以及《欧洲空间展望》（ESDP）的调整要求乡村发展逐渐脱离过去对农业的严重依赖。这一发展方向推动了对可持续发展和低碳生态建设模式的更多关注，乡村人居环境的建设也更加注重培育文化功能、生态功能以及消费功能空间。不同的国家和地区针对这一变化趋势已经展开了一系列的实践研究和举措。

（6）乡村可持续发展：长期实践探索后的多目标整合

21 世纪以来，欧盟国家在城乡统筹、乡村治理、乡村建设的组织方式和投融资渠道、规划与政策措施方面都积累了丰富的经验，经历了从单纯的促进农业的发展、农村基础设施的改善到进行严格规划、改善乡村的生态、保护和恢复乡村原有的有机体等不断推进的过程[251]。在乡村建设中德国经过长时间的探索与实践，更强调可持续发展、公众参与，而荷兰则强调生态保护和分区引导。

2010 年，欧盟采用统一标准，根据人口密度在 NUTS3 空间单元上将其地域范围划分为乡村主导地区（PR，Predominantly Rural）、中间地区（IR，Intermediate Region）和城市主导地区（PU，Predominantly Urban）。据此统计，2010 年乡村主导地区占据地域总面积的 52%、总人口的 23%、总增加值的 16% 和总就业的 21%。良好的农村发展是欧盟发展至关重要的领域。欧盟制定了关于农村地区综合发展、共同农业等一系列策略，如"LEADER""CAP""RDP""ENRD"等[252]，旨在通过改善人居环境、应对气候变化、推进农业现代化发展等方式增强农业竞争力和农村活力，促进农村经济和社会可持续发展（表 2.4）。

表 2.4　欧盟农村发展政策及生态系统服务作用

政策	内容	目的	乡村生态系统服务作用
农村地区发展行动联合（LEADER）	7 项策略：伙伴关系、自下而上、领地发展、创新、合作、行动联合和网络咨询	鼓励社会经济中的每个参与者，在统一框架下生产和服务，保障农业生产的基础能力，营建宜人的环境，创造当地的就业机会及改善当地人的生活质量，推动当地区域经济全面发展	保持和促进农业生产的基础能力，宜人的环境，农村居民的当地归属感
共同农业政策（CAP）	升级农业设施、对农村地区土地进行必要的重组、对农民进行新技术培训、提高其竞争优势	提高农村企业竞争力、促进就业；促进自然资源可持续管理；维持农村经济平衡发展，更加注重农村可持续性发展及农村社会经济多元化发展	保护景观和生物多样性，降低温室气体排放，减少土壤和水质恶化及农村风貌破坏，保障食品质量和健康，平衡食物链，生态环境改善，自然资源的可持续管理

政策	内容	目的	乡村生态系统服务作用
农村发展政策（RDP）	6个发展领域：知识转移与创新，农场的生存能力和竞争力，食物链组织与风险管理、恢复，维护和增强生态系统，适应气候变化的节约型经济，社会包容与经济发展	对农民直接付款和管理农产品市场的措施进行补充	保持食物链和组织韧性，维护和增强生态系统，适应气候变化
欧洲农村发展网络（ENRD）	长期农村愿景、智慧村庄、绿色农村、生物经济、社会包容和世代更新	自下而上与自上而下相结合的农村发展模式，通过各种形式的融资模式为乡村发展提供持久支撑；通过法律法规和规划体系保证农村不同时期发展方向和重点；通过激发农村本身的潜力，改善农村地区的生活	通过自然资源和农村社会的可持续发展，保护生态环境，提高农村的地区活力和宜居性

表格来源：作者根据资料整理绘制。

其中，荷兰作为农业高度发达的国家，近年来农业发展的目标从追求产量到强调农业与环境、自然的协调发展，重视农业的社会责任，为荷兰形成"绿色生产力"打下了稳固的基础。除了重视农业，荷兰对于生态环境的保护也十分重视，深刻认识到生态环境保护对于提升城镇和农村地区居民生活质量的重要性。在乡村地区生态系统服务方面的政策包括恢复、保护和加强与农业有关的生态系统，改善生物多样性，加强水和土壤管理等。通过农业自然管理、生态边缘管理及小型景观要素的建设和恢复以增加景观的吸引力，创造居民和游客体验自然的机会，为"重要农村和城市"与"活跃的农村地区"的发展奠定了基础。

（7）国外研究小结

整体来说，国外乡村发展的过程，也体现了对生态系统服务的认知演变：从单一的农业生产功能，到健康、韧性理念萌芽的乡村多元功能发掘过程，这也是社会经济发展需求变化下对乡村生态系统服务认知的提升和丰富过程。第一，良好的生态环境是乡村可持续发展的重要基础。应提高乡村地区生态系统服务水平，增强气候变化下生态系统的适应能力，可通过建立生态保护网络、治理农业生态突出问题、加大乡村地区生态修复力度、增加生物多样性等多种方式改善生境条件，优化"三生"空间。第二，合理的土地利用规划是乡村可持续发展的核心。通过对乡村地区的用地分类管控，提升各类土地集约发展水平，提升农业用地及周边控制地区的绿色空间环境品质，使公众更好地接近自然、享受田园环境。第三，完善的乡村发展政策和有效的资金支持是乡村可持续发展的保障。不仅要在不同发展阶段构建乡村多维度发展支持政策体系，还要以多种实施方式保证政策有效落地，建立完善的执行和监督机制，促进各利益相关者的团结合作。第四，公众的积极参与和广泛支持是乡村发展目标能够最终得以实现的关键。"自下而上"的决策机制赋予村民更多的责任与权利，村民的主体地位得到尊重和保障。各方利益在规划中参与讨论，提出乡村发展的焦点问题并协商，最后由公共部门做出决策、各方共同参与实施，可达到因地制宜的目的。

国外乡村生态规划的理论和实践研究已经涉及人文地理学、社会学、经济学、规划学、风景园林、旅游学、生态学等多个学科领域，研究方向包括对乡村发展演变、发展动力、发展路径以及发展模式的深入剖析。乡村领域研究是跨越多学科的研究，不仅需要理论探讨，也需要通过乡村实践进行探索尝试，才能满足不同时代的不同问题和需求。总体而言，研究趋势表现出功能多元发展、目标多元导向和多学科综合的特点。

2.3.2　国内乡村生态发展实践

（1）乡村聚落和文化保护

国内对乡村的研究起源于对乡村聚落和文化保护的关注，结合周边生态环境的村落布局和形态研究是乡村生态系统服务认知的初始（图 2.8，图 2.9）。中国传统民居的首部系统著作可以追溯到 1957 年刘敦桢出版的《中国住宅概说》[253]，该书主要记录了华北和西南等地区的民居建筑的平面布局、建筑材料和结构，为我国的传统民居研究奠定了基础。自 1980 年阮仪三主持的"江南水乡古镇调查研究及保护规划"项目[254]启动以来，中国开始探索传统村镇保护。随着国际乡村保护理念的革新，中国的村落保护经历了从仅关注建筑"单体保护"到注重村落"整体保护"的演变，研究范围也从仅关注民居建筑和自然景观的物质文化保护，扩展到包括民俗文化的非物质文化活态传承。在此背景下，彭一刚于 1992

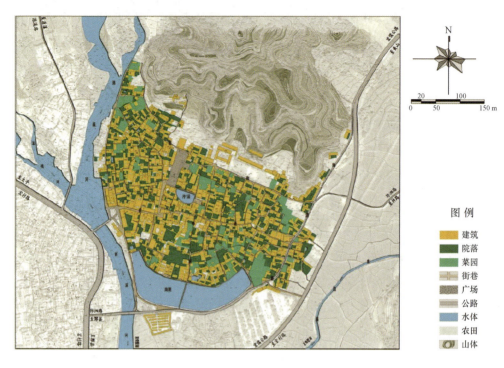

图2.8　安徽宏村格局及与山水格局的关系

图片来源：参考文献［257］。

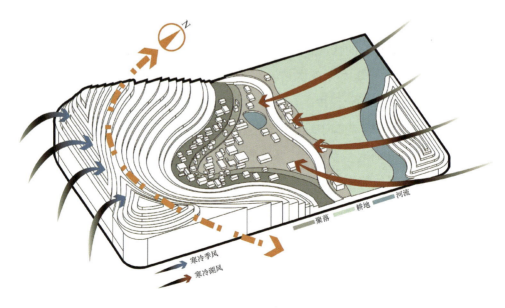

图2.9　山水格局对湖北芭蕉湾村微气候影响示意

图片来源：参考文献［258］。

年出版了《传统村镇聚落景观分析》[255]，从生态、社会和美学角度对传统聚落景观的形态进行了深入阐释，并通过大量的实地考察提出了有关乡村建筑文化再生的观点。另外，陈志华于 1999 年发表了《楠溪江中游古村落》[256]，从村落建筑、选址、山水、宗族等多个方面分析了古村落的布局和文化。这些研究为中国乡村的保护和发展提供了重要的理论和实践基础。

随着 2005 年新农村政策出台及 2008 年《中华人民共和国城乡规划法》颁布，大量乡村发展的理论和实践开始涌现。主要包括保护村落原始风貌、保护传统生活方式、完善保护机制等方面。在保护评价方面，分为遗产资源评价体系和保护规划实施评价等。评价指标和权重系数主要通过德尔菲法[259]、层次分析法、文献借鉴法确定。评价结果通过村民满意度调查和专家打分法获取。针对未列入保护范围的村落更新，学界提出"有机更新"理念以延续村落肌理和村庄集体记忆[260]。

相较于西方研究，国内学者在乡村聚落空间形态方面进行了大量研究，受自然和社会条件影响，乡村聚落在空间规模、结构与形状等方面分异明显。多位学者探索聚落居民点体系和村域空间优化的方法。如赵炜引入韧性理论，提出针对不同韧性水平下的情景模式矩阵，并构建韧性乡村规划体系。冯应斌[261] 通过系统分析中国山区的发展概况、乡村聚落空间分布的影响因素以及演变特征和驱动机制，认为乡村聚落空间的重构具有主体多重性、多元目标和多样化模式的典型特征。洪惠坤[262] 提出了重庆乡村村域空间的优化策略，建议划分村庄为不同的空间类型，包括居住、生产、水源涵养、生态保护等 8 种类型。方明[263] 等学者分析了村庄规划中存在的现实问题，并提出了新型乡村社区规划原则，涉及空间布局形式和地方特征等方面。周政旭[264] 以贵州山地民族聚落为例，总结出侗族聚落案例、屯堡案例和黔东南等 3 大案例的聚落空间模式。李钰[265] 对生态脆弱地区的乡村聚落人居环境进行了研究，并总结出陕甘宁地区乡村聚落建设体系在适应生态环境方面的高度灵活性。何依[266] 等学者认为山西地区的传统聚落在类型、分布和空间形态等方面与自然地理环境之间形成了强烈的地区适应性。这些研究为国内乡村生态系统服务研究的发展提供了丰富的理论和实践支持。

（2）乡村生态系统服务影响下的人居环境、景观和生态格局研究

我国从 20 世纪 90 年代开始对人居环境进行系统研究，对于乡村人居环境内涵的理解也不尽相同，当前国内较为流行的定义是在吴良镛先生对人居环境定义基础上加以延伸。根据这个定义，乡村人居环境是由乡村社会人文环境、自然生态环境和人工建设物质环境共同组成的，它综合体现了乡村社会、生态和设施等各方面，与乡村生态系统服务的内涵存在契合之处。乡村人居环境规划对于指导农村经济、环境、社会调节发展以及区域整体调节发展具有重要的意义，是城乡人居环境中的重要内容。

多位学者从有机维护的角度对乡村人居环境进行研究。王竹和钱振澜[267]对乡村人居环境的有机更新进行系统性阐释，提出"有机秩序修护、现代功能植入"理念。有学者从景观驱动力、文化人类学乡土记忆、旅游导向等视角出发，论证有机更新的必要性。也有学者从不同地貌乡村（山地河谷[268]、平原水乡、海岛型[269]、西南山地），不同经济类型乡村（工业型、旅游型）以及不同形态乡村（窑洞型[270]、筒屋型、围村型[271]）出发，分别提出了相应的有机更新策略。

在人文地理学和宏观尺度研究方面，多位学者关注了乡村生态安全和生态格局的问题。赵万民[272]研究了重庆山地城镇的生态安全问题并建立了相应的评价指标体系，旨在规划层面有效解决乡村生态安全问题。倪凯旋[273]则将景观生态学的尺度理论和景观格局指数方法应用于乡村生态环境保护以及村庄规划和建设工作，强调了村域尺度的重要性，这对乡村生态规划、土地利用管理和村庄建设控制提供了关键视角。李首成[274]运用 GIS 技术对四川盆地中部丘陵地区的村级景观单元进行生态适应性研究，增进了对村级景观格局的认知和理解，为乡村景观生态规划提供了基础工作。李彦星[275]等从生态、生产、生活的"三生"视角出发，指出在快速城镇化背景下，乡村生态系统主要依赖自然资源，具有脆弱性和敏感性，因此提出了村域景观生态控制性规划的关键性，以确保乡村生态环境的保护。这些研究有助于加深对乡村生态问题的认识并提供了关键性的规划和管理建议。

乡村景观方面，国内学者的研究更为多元，包括景观设计、格局优化、生态保护、政策管理等。李方正等将乡村景观资源分为 11 类生态系统服务空间并

制定了乡村景观提升策略。吴雷[276]等分析了乡村景观格局及其内在冲突，从生态—遗产格局优化角度提出了乡村景观转型的具体路径。胡青宇[277]针对乡村景观建设中资源消耗过度的现象，从整合空间结构、节制营造方式及绿植范式 3 个方面提出了可持续的节约型设计方法。梁俊峰[278]探讨了"三生"视角下乡村景观设计的方法，包括农作物和林果景观、公共空间景观等。也有学者关注了乡村居民对景观的参与性，如范雯雯[279]等以人与乡村景观的互动参与感知为目标，从空间划分、路线组织、场所营造等方面提出了设计策略。程惠珊[280]等对乡村微景观村民参与模式进行了总结。

　　近十几年来，针对原有规划对乡村空间"定性描述"的局限性，空间句法、梳理模型分析、分形几何分析等方法的引入使得乡村聚落格局及空间得到量化表达。较多学者对乡村空间进行分类研究，可客观反映乡村的发展程度、发展差异和特点，有助于改善乡村的分类、空间规划，并制定针对性的实施措施。如周游[281]等通过评价因子确定和赋值计算等方法对乡村空间进行分类并提出不同类型乡村的差异化发展方向。王炎松[282]等建立了山地聚落空间分析的方法。陈雨薇等[283]以空间句法理论为基础，采用轴线分析法对安居古镇的街巷空间形态进行了定量研究。李彦潼等[284]基于分形理论，提取了 40 多个村落的空间形态进行量化分析。浦欣成[285]等将公共空间解析归纳为整体空间分解与单元空间分析两大类，整体空间分解可用空间句法分解法、Delaunay 三角分解法，单元空间分析可用拓扑几何、欧几里得几何等分析法，为传统乡村聚落公共空间量化解析提供了理论依据。对乡村空间量化的研究也有具体对象分类，比如针对村落形态、针对乡村公共空间、针对街巷空间等。

　　（3）以生态系统服务为基础的乡村旅游发展

　　完善的乡村规划不仅包括物质空间的布局，更需突出产业策划来保持乡村经济活力，而资本下乡助力乡村产业发展之时，特色旅游策划成为乡村旅游业发展的基点[286]。一系列乡村价值的提升得益于资本与设计的结合，特别是在发达地区涌现了热烈的"民宿化"[287]"工坊化"[288]潮流，为乡村带去了产业发展的活力。国内乡村的多功能发展基于乡村的类型及地理、区位、交通、产业等方面的多样性。伴随着传统村落保护活化利用的需求和多功能农业理论的运用，以古村落特色、自然景观和休闲农业活动为吸引点的乡村旅游模式兴起。在旅游学视角下，乡村旅游的概念内涵[289]、旅游动机[290]、影响因素[291]、客源市场分析、发展模式、旅游评价等研究丰富。

乡村旅游最早出现在国外，起源于19世纪中期的欧洲。而我国乡村旅游大概兴起于20世纪80年代后期，其发展逐步由最初的农业观光型转变为以农家乐旅游模式为主的多元发展型。我国乡村旅游发展大致经过了两个阶段：一是乡村旅游的绿色发展萌芽阶段；二是党的十八大以后，在习近平同志的"两山"理念指导下得到加强的阶段（表2.5）。乡村生态系统从田野景观、乡土文化等方面为乡村旅游提供了较大的文化服务支撑，果蔬采摘等供给服务以及调节服务、支持服务也起到了辅助促进作用。

表2.5　我国乡村旅游发展的两个阶段

时期	阶段	主要发展和实践领域	生态系统服务发挥的作用
20世纪80年代至党的十八大	以农业观光、休闲农业为主的绿色萌芽期	田园农业旅游模式、农家乐旅游模式、回归自然旅游模式等	生态系统文化服务为主，供给、支持、调节服务为辅
党的十八大至今	以"两山"理念为核心的绿色发展期	生态旅游、个性旅游、可持续性旅游	

资料来源：参考文献[292]。

（4）村民参与的强化

在乡村发展研究和实践过程中，我国学者也逐渐认识到村民主体的重要性并提出相关方法和策略，但目前村民参与机制尚未完善。目前的瓶颈在于规范性参与程序、中立组织机构和信息平台的参与制度缺乏[293]，与村民参与意识薄弱、自治水平不足、教育程度较低、发表意见渠道不通畅等参与障碍有关[294]。

我国近十年的乡村建设以政府推动和自上而下的模式为主导，这一过程导致了村民意愿没有得到充分反映、多方管理、短期效应、重复建设、乡村景观城市化的局面，激发了针对村民主体意识和公共参与的管理规划理论研究。"九层之台，起于累土"，上层设计规划战略"落地生根"的关键在于基层实践，而基层实践的主体是基层政府、村干部、普通群众等群体，他们的行动是国家战略目标实现的重要一环。但在国家、政府顶层设计规划战略实施过程中，出现了"政府动，智库动，而农民不动"的现实问题，与民国时期晏阳初、梁漱溟等知识分子投身乡村建设运动时所面临的困境相似。如梁漱溟在山东邹平所进行的乡村建设实验最终因"号称农民运动而农民不动"失败了，他认为"最理想的乡村运动，是乡下人动，我们帮他呐喊；退一步说，也是他想动，而我们带领着他动"。因此，在乡村振兴战略这一顶层设计的实施过程中，必须实现规划和行动的结合，特别是注重发挥基层实践中广大农民群体的行动力，尊重农民的主体地位，引导农民自觉行动，构建"政府动、智库动、农民动"的格局[242]。先进、科学的规划方法和管理策略是农村社会发展所必需的，但地方民众的乡土知识也是一种力量。"农村人的知识可以自我维持、扩展和纠正，并通过敏锐的观察，对细节的良好记忆，以及教学、学徒制度和讲故事来传播。"乡土知识是巨大的、未充分利用的宝贵资源。"农村人和科学家所从事的许多活动都是相似的，他们对周围环境中的实体进行区分、命名和分类，他们观察、比较和分析，他们做实验并试图做出预测。"在农村人的知识体系中，既有与科学知识相似的内容，也有一些建立在经验基础上的、至今尚未被解释清楚的内容，而这些乡土知识体系维度之多、实用性之强，正是农村发展所需要的。

从社会特征来看，乡村是由相近文化传统和社会关联的人群形成的聚落空间，是自下而上的自治组织，其社会文化特性决定了乡村建设需要村民的共同缔造和维护，村民意愿直接影响村庄发展建设进程。因此，基于自下而上自治属性的规划设计及管理措施是解决上述问题的重要切入点。乡村发展过程中的问题解决需要公众的主动参与、公众的群体智慧和公众的监督。有效提高村民的认同度和共同缔造的积极性，可形成乡村长期发展和建设维护的重要内在驱动力。从规划主导模式来看，主要有三种类型，效率高但财政投入大的地方政府主导模式[295]，村民参与度高但建设水平低的村民自治主导模式[296]，实施力强但主要关注经济效益的开发公司主导模式[297]。因此，多元主体参与、上下结合的规划模式可以起到集长处、补短板的作用。总体来说我国的乡村村民主体和自治之路还需经过较长的探索实践阶段。

（5）国内研究小结：隐含生态系统服务脉络的多维度综合研究

基于乡村自身特征及其发展的复合性，国内的乡村生态系统服务研究除了其本体研究，还涉及生态系统服务支持下的人居环境、空间营造、生态环境、景观格局、设施建设、历史保护、地域文化、经济发展、产业振兴和村民主体等多方面议题，各个方向之间存在千丝万缕的影响和互相联系，乡村生态系统服务的内涵在内容与主体上均得到了丰富。中国的乡村建设已经从仅注重物质空间更新，到意识到产业发展的重要性，再到认知到村民主体地位的必要性。乡村生态系统服务研究提升已成为了集物质空间、产业经济和社会组织为一体的综合性实践领域，需要对复杂多变的乡村问题做出跨学科、综合的回应。面对我国社会和经济发展新形势下的乡村生态系统服务面临问题的应对，亟须进行再认知和深入探讨。

2.4 本章小结

结合国内外政策导向、我国现阶段经济社会发展新需求和以乡村居民为本的研究思路，及相关领域学者的既有研究，将健康、韧性、低碳理念融入乡村生态系统服务评价中。乡村生态系统服务健康，即以乡村居民的身心健康为目标，可为居民身心健康提供产生积极影响的自然、环境、场所、社会关系等多方面服务。乡村生态系统服务韧性，指在健康的基础上，乡村自然生态系统通过提供多种服务来增强乡村经济社会韧性。除了自然系统本身韧性，还包括延伸到乡村社会、经济、文化等多方面的韧性提升。乡村生态系统低碳，主要指乡村地区的林地、水系等丰富的自然与人工等重要的碳汇用地，可为低碳做出重要贡献。

本章是下文的理论铺垫，为健康、韧性、低碳三个维度导向下的乡村生态系统服务评价做出前序阐释。

第3章 山东乡村地区生态系统服务居民感知评价体系构建

乡村居民生态系统服务感知评价体系包括评价指标选取和赋值、数据测度、数据分析等内容。数据测度方法是乡村居民对生态系统服务的认知、感受和反馈，形成以主观判断为基础的定性、定量研究方法，是对客观测度方法的补充和参照。山东地区乡村生态系统服务以粮食、蔬果等供给服务为主要特征，几千年来已具备一定的基础性和日常性特征。同时山东地区的支持、调节和文化服务也具备较强的地域特点。在生态系统服务居民感知评价体系构建中，应注重山东乡村地区生态资源的典型性和特殊性。

3.1 研究区域概况

3.1.1 山东省概况

山东省位于中国华东地区沿海、黄河下游，北接京津冀，南连长三角，半岛地区与辽东半岛、日韩隔海相望，内陆地区与河北、河南、安徽、江苏四省接壤（图3.1）。地处黄河下游，地跨淮河、黄河、海河、小清河和胶东五大水系，分属于黄、淮、海三大流域，濒临渤海和黄海。北接河北，西连河南，南与安徽、江苏接壤，陆域面积 $15.58 \times 10^4 \ km^2$（万平方千米），约占全国国土面积的 1.62%。山东省属暖温带季风气候类型。降水集中，雨热同季，春秋短暂，冬夏较长。年

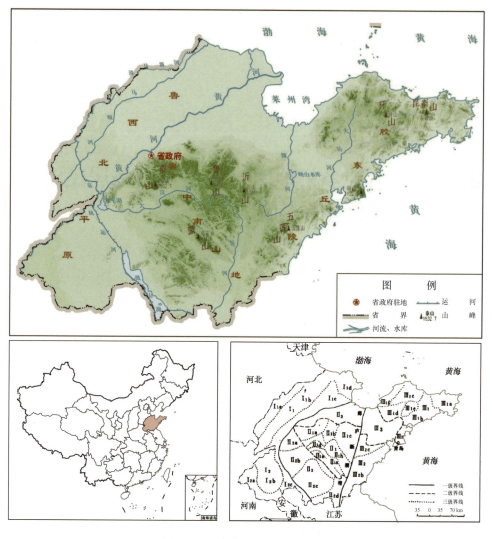

图 3.1　山东省区位和地形分区

图片来源：山东省地图来自山东省自然资源厅网站 http://bzdt.shandongmap.cn/home；地形分区图来自参考文献［299］。

平均气温 11～14℃，山东省气温地区差异东西大于南北。光照资源充足，光照时数年均 2290～2890 h，热量条件可满足农作物一年两作的需要。山东境内水系相对发达，但河川径流量较少，水资源主要来源于大气降水，年平均降水量一般在 550～950 mm 之间，由东南向西北递减。降水季节分布很不均衡，全年降水量有 60%～70% 集中于夏季。属于人均占有量小于 500 m³ 的严重缺水地区，水资源总量不足，人均、亩均占有量少，水资源地区分布不均匀。境内主要河流有黄河横贯东西、大运河纵穿南北，黄河从山东省西南入境，贯穿至西北汇入渤海，境内全长 628 km。京杭大运河纵贯南北 643 km。其余中小河流密布省内，主要湖泊有南四湖、东平湖、白云湖等。

地理区位和得天独厚的自然条件孕育了山东省丰富的自然资源。山东省海洋资源丰富，大陆海岸线长度 3024.4 km，经济鱼类、虾类、藻类种类较多，多项产量居全国首位。矿产资源丰富，金、石膏等 12 种矿产储量居全国第一位，石油等储量居全国第二位，多类矿产均在全国前十位。生物资源丰富，境内有各种植物 3100 余种，陆栖野生脊椎动物 500 余种。山东省是农业大省，是全国粮食作物和经济作物重点产区，耕地率居全国最高，农业增加值长期稳居中国各省第一位。山东省是工业大省，拥有 41 个工业大类，是中国重要的工业基地和北方地区经济发展的战略支点。山东半岛城市群对外毗邻日韩、面向东北亚、联通"一带一路"。

2023 年，山东省常住人口 10 162.79 万人，农村人口 3603.73 万人，农村人均可支配收入 22 110 元，地区生产总值（GDP）87 435.1 亿元，经济总量位于中国第三位。山东省经济繁荣，教育发达，文化昌盛，拥有海岱、中原、齐鲁等多元文化及地域特征。

3.1.2　山东省行政区划

山东省正式建省始于元朝至正四年（1344）。至 2023 年 12 月底，山东省下辖 16 个地级市，136 个县（含 58 个市辖区、26 个县级市、52 个县）、696 个街道办事处、1072 个镇、57 个乡（表 3.1）。县级行政区是中国社会经济活动较为独立、地域性较为完整的基本空间单元，也是目前各社会经济指标常用的统计单元。根据山东省近年来行政区划调整结果以及历年统计数据吻合性和可获取性，本书选择 2023 年山东省行政区划为划分依据，以县、县级市和市辖区为对象进行整合，选择 3 个地区的 5 个县域单元，研究山东省乡村生态系统服务特征。

表 3.1　山东省行政区划

序号	地级市	县（县级市、区）		乡	镇	街道
1	济南市	12	历下区、市中区、槐荫区、天桥区、历城区、长清区、章丘区、济阳区、莱芜区、钢城区、平阴县、商河县	—	29	132

序号	地级市		县（县级市、区）	乡	镇	街道
2	青岛市	10	市南区、市北区、黄岛区、崂山区、李沧区、城阳区、即墨区、胶州市、平度市、莱西市	—	36	108
3	淄博市	8	淄川区、张店区、博山区、临淄区、周村区、桓台县、高青县、沂源县	—	57	31
4	枣庄市	6	市中区、薛城区、峰城区、台儿庄区、山亭区、滕州市	—	44	21
5	东营市	5	东营区、河口区、垦利区、利津县、广饶县	2	23	15
6	烟台市	11	芝罘区、福山区、牟平区、莱山区、蓬莱区、龙口市、莱阳市、莱州市、招远市、栖霞市、海阳市	6	82	65
7	潍坊市	12	潍城区、寒亭区、坊子区、奎文区、青州市、诸城市、寿光市、安丘市、高密市、昌邑市、临朐县、昌乐县	—	59	61
8	济宁市	11	任城区、兖州区、曲阜市、邹城市、微山县、鱼台县、金乡县、嘉祥县、汶上县、泗水县、梁山县	4	103	49
9	泰安市	6	泰山区、岱岳区、新泰市、肥城市、宁阳县、东平县	6	62	20
10	威海市	4	环翠区、文登区、荣成市、乳山市	—	48	24
11	日照市	4	东港区、岚山区、五莲县、莒县	4	35	16
12	临沂市	12	兰山区、罗庄区、河东区、沂南县、郯城县、沂水县、兰陵县、费县、平邑县、莒南县、蒙阴县、临沭县	6	120	30
13	德州市	11	德城区、陵城区、乐陵市、禹城市、宁津县、庆云县、临邑县、齐河县、平原县、夏津县、武城县	14	91	29
14	聊城市	8	东昌府区、茌平区、临清市、阳谷县、莘县、东阿县、冠县、高唐县	5	98	32
15	滨州市	7	滨城区、沾化区、邹平市、惠民县、阳信县、无棣县、博兴县	4	58	29
16	菏泽市	9	牡丹区、定陶区、曹县、单县、成武县、巨野县、郓城县、鄄城县、东明县	6	127	34
总计		136		57	1072	696

数据来源：山东省人民政府网站 http://www.shandong.gov.cn/col/col97866/index.html，数据为 2022 年 12 月 31 日数据[299]。

3.2　山东乡村地区生态系统服务的典型性和特殊性

3.2.1　山东省生态资源基本概况

山东省陆海国土空间总面积 $20.06 \times 10^4 \text{ km}^2$，其中陆域面积 $15.43 \times 10^4 \text{ km}^2$，海域面积 $4.63 \times 10^4 \text{ km}^2$。土地总面积 $15.81 \times 10^4 \text{ km}^2$（含陆海重合 $0.38 \times 10^4 \text{ km}^2$）。其中，农用地 $11.73 \times 10^4 \text{ km}^2$（耕地 9692.80 万亩），占 74.19%；建设用地 $3.16 \times 10^4 \text{ km}^2$，占 19.99%；未利用地 $0.92 \times 10^4 \text{ km}^2$，占 5.82%。其中，属于自然资源用地的林地、湿地、草地、耕地、海洋、自然保留地均有分布，各类用地面积和占比如图 3.2 和表 3.2 所示。

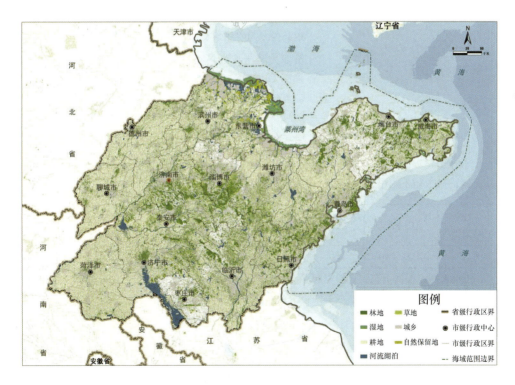

图 3.2　山东省重要生态资源分布

图片来源：山东省自然资源厅《山东省国土空间生态修复规划（2021—2035 年）》。

表 3.2　山东省主要生态资源状况表

主要生态资源类型	面积 /km²	占比 /（%）	分布	分类
林地	2.61×10⁴	18	主要分布在鲁中南山区和鲁东低山丘陵区，平原地区分布较为分散且比例偏低	以人工林为主，小部分为次生天然林。树种单一，以杨树、松树、侧柏、白蜡等为主。生态公益林面积占森林面积的41.04%
湿地	2462.46	2	主要为黄河三角洲、南四湖、东平湖等湿地	沿海滩涂（81.38%）、内陆滩涂（18.6%）、沼泽地（0.02%）
草地	2352.2	2	集中分布在东营、烟台、潍坊、济南等市。草地总量少、分布相对零散，与森林、湿地共生，与农用地交叉	全部为其他草地，无天然牧草地和人工牧草地
耕地	6.46×10⁴	45	耕地分布平原地区多，主要集中在菏泽、潍坊、德州、临沂等四个市，山地丘陵地区少；东南部和东部丘陵地区旱地分布较多，西部北部平原地区以水浇地为主	水田（1.47%）、水浇地（72.33%）、旱地（26.20%）
海洋	4.63×10⁴	32	海岛589个、1 km²海湾49个	基岩岸线、泥质岸线、砂质岸线
自然保留地	1014.58	1	鲁中南、鲁西、鲁北	盐碱地、沙地、裸土地、裸岩石砾地
合计	14.28×10⁴	100	—	—

资料来源：根据山东省自然资源厅《山东省国土空间生态修复规划（2021—2035年）》整理。另有建设用地、河流湖泊水系面积未计入表中。

河流水系方面，山东省拥有干流长 10 km 以上的河流 1552 条，主要河流有黄河、大运河、马颊河、徒骇河、大汶河、沂河、沭河、潍河、弥河、大沽河—胶莱河等，陆域范围河流总长度 3.43×10⁴ km。湖泊主要分布在鲁中南山地丘陵与河流冲积平原的交接过渡地带，其中南四湖和东平湖为最大的两个湖泊。

山东省的植被类型主要以针叶林和落叶阔叶林为主，形成了复杂多样的自然生态系统。在山东省的广阔土地上，可以找到各种不同类型的植物和动物物种。

山区地带通常被覆盖着茂密的森林，而平原地区则以农田和草地为主。丰富的自然生态系统提供了丰富的自然资源和生态系统服务。

生态环境与生物多样性保护方面[300]，山东省近年来采取了一系列生态保护措施，包括划定陆域和海域生态保护红线，建立了 488 个各级各类自然保护地，形成了相对完善的自然生态系统保护网络。在就地保护方面，山东省构建了"两屏三带"的生态安全战略格局，其中鲁中南山地丘陵和鲁东低山丘陵构成生态屏障，沿海、沿黄河、沿京杭运河形成生态带。这些措施为保护生态环境提供了有力支撑。此外，山东省也注重迁地保护，建立了多个农作物种质资源库、林木种质资源保存库、畜禽种质资源保存场所，还设立了省级水产生物种质资源保存与利用平台。这些举措有助于保护不同类型的生物资源。

在环境质量改善方面，山东省取得了显著进展。2020 年，地表水国控断面中优良水体比例达到 73.5%，83 个国家考核断面完全消除劣 V 类水体。近岸海域水质优良面积比例更是高达 91.5%。全省生态环境质量持续改善，达到有监测记录以来的最高水平，为保护生物多样性提供了良好的生态环境保障。

尚有历史遗留露天矿山 3200 余处，主要分布在枣庄、烟台、潍坊、济宁、泰安、威海、日照、临沂等市，以石灰岩、花岗岩为主。

3.2.2　山东省生态资源主要问题诊断

从全域角度来说，山东省生态资源分布不均衡、结构不合理、农业空间占比大、生态空间相对小，导致生态系统破碎化，生态网络体系不健全，各类生态系统之间缺乏连通性，整体生态功能发挥不充分。生态系统的人为干扰较多，自我修复能力差，生态系统不稳定。

从生态空间分布来说，山东省森林资源总量少、区域分布不均衡，主要分布在鲁中南和鲁东山地丘陵地区。公益林占比低，商品林面积大。森林质量不高，人工纯林多，混交林少，林龄老化，病虫害危害严重。水资源总量不足，空间分布不均衡，部分区域水土流失严重，生态用水不足。湿地区域分布差异较大，天然湿地面积不断减少，功能有所下降。历史遗留露天矿山数量多，分布零散，修复难度大。海岛地域分布、自然成因、外部环境不同，资源环境禀赋差异较大。莱州湾、渤海湾南部、胶州湾、丁字湾等近岸海域海水环境质量较差，海洋生物多样性受到威胁，赤潮灾害发生频率大。沿海基干林带缺垄断带，防护功能下降。

从农业生态空间来看，农业种植结构单一，生境丰富度下降，生态系统稳定性较差。耕地细碎化，集约利用水平总体偏低。部分地区土地荒漠化严重，在一定程度上存在农业面源污染，农田防护林退化严重、防护效能低下。部分滨海地区土壤盐渍化程度高，适生植物种类少，治理修复难度大。村庄布局相对分散，土地利用粗放，生态用地少，村与村之间生态斑块镶嵌融合度差，不易形成点线面结合、生态功能互为支撑的生态系统。

城镇生态空间布局不合理，中心城区生态空间相对集中，城市外围生态空间过于分散，人均公园绿地面积区域差别大。城镇内外河湖水系、道路、绿地连通性差，难以形成蓝绿交织、亲近自然的生态网络。城镇生态空间质量不高，外来树种多，乡土树种少，景观化严重，人工过度干预，生态系统不稳定。

在耕地、园地、林地、湿地等相邻交错的区域，因人为活动频繁，生态建设保护管理难度大，生态安全风险大。城镇、农业及生态空间之间缺少生态过渡带，跨区域生态廊道被占用和截断。城镇建设占用或破坏耕地、林地、河湖水面，补充耕地挤占林地、湿地等生态用地，导致生态资源减少，生态空间缩小。

3.2.3　山东地区生态系统服务的典型性

根据上述山东省生态资源基本情况可知，山东地区生态系统服务的影响要素主要体现在人口密度和地形地貌两个典型方面。

（1）人口密度较高。山东地区较早地进入了文明阶段，几千年来一直是人类繁衍生存的重要区域，农业发达、人口稠密，从春秋战国以来直到隋唐都是经济核心区[301]。现今是中国的第二人口大省，山东省第七次全国人口普查数据显示全省常住人口 10 152.7 万人，其中居住在城镇的人口为 6401.4 万人，占 63.05%，居住在乡村的人口为 3751.3 万人，占 36.95%，城市和农村地区均有较高的人口集聚[302]（图 3.3）。

山东省是中国人口及农业农村发展较为重要的省份，其乡村数量众多，农村人口占比较高。根据《2021 年山东省统计年鉴》，2020 年年底山东省总人口为 10 165 万人，其中农村人口 3755.67 万人（城镇人口 6408.84 万人）。农村居民的户均常住人口为 3.1 人（全省平均家庭户规模为 3.00 人 / 户），农村常住人口比例较高，超过 1/3 的农村居民主要收入来自农业生产[304]。农村居民的人均可

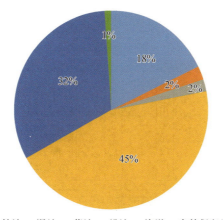

图 3.3　山东省主要生态资源用地比例

资料来源：根据山东省自然资源厅《山东省国土空间生态修复规划（2021—2035 年）》绘制。

支配收入为 18 753 万元。在农村常住人员的就业情况中，其他雇员（打工）占 49.8%，农业自营占 39.6%。在第一产业中，农业收入占比远高于林业、牧业和渔业，占比为 80.6%。这表明农村常住人口主要以务农为主要职业，自然系统服务水平对农村常住居民的生产生活具有重要影响。

（2）地形地貌类型丰富。山东地区涵盖多种地貌类型，大体可分为中山、低山、丘陵、台地、盆地、山前平原、黄河冲积扇、黄河平原、黄河三角洲等 9 个基本地貌类型，可总归为丘陵、山地和平原三大类（图 3.4 和图 3.5）。中部为隆起的山地，东部和南部为和缓起伏的丘陵，北部和西北部为平坦的黄河冲积平原[305]。多样的地形地貌不仅赋予了山东丰富的自然景观，也为生态系

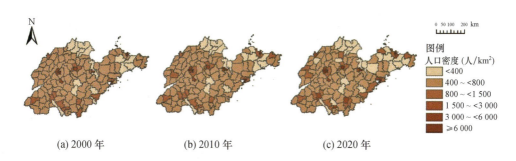

(a) 2000 年　　　　　(b) 2010 年　　　　　(c) 2020 年

图 3.4　山东省人口密度分布

图片来源：参考文献 [302]。

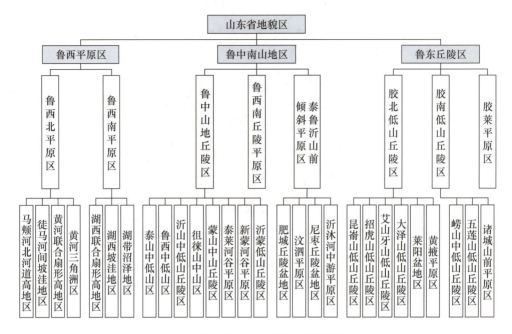

图 3.5 山东省地貌区域类型结构简图

图片来源：根据参考文献《试论山东省地貌区与结构》改绘。

统提供了多样性和复杂性，使其在生物多样性、微气候调节等生态系统服务方面具有多样的参照性。不同的地貌特征也导致各地乡村的经济社会发展差异较大，山东省在历史、地理、经济、社会等方面同样展现出多样性和复杂性较高的特征，多方面因素直接或间接地影响到乡村生态系统服务的供给水平和可持续发展水平。

山东省位于我国地势的第三阶梯，地貌类型多样，包括高原、山地、丘陵、平原和盆地。根据地形分类（表3.3）可见，山东省以平原、丘陵和低山为主要地形（图3.6）。各个城市的平均海拔在8.8～90.3 m之间。

表 3.3　五大地形分类表

地形类型	亚类	海拔 /m	相对高度 /m	特征
高原	平坦高原、分割高原、山间高原等	＞1000	＞500	地势相对高差低，海拔高
山地	高山	＞3500	＞200	高差大，坡度陡峻
	中山	1000～3500		
	低山	500～1000		

续表

地形类型	亚类	海拔 /m	相对高度 /m	特征
丘陵	高丘陵、低丘陵等	200～500	＜200	起伏不大，坡度较缓
平原	独立型、从属型	＜500	—	海拔低、平坦、起伏较小
盆地	沉积盆地、内流盆地、外流盆地等	—	—	四周海拔较高，相对高度较小

表格来源：根据资料整理绘制。

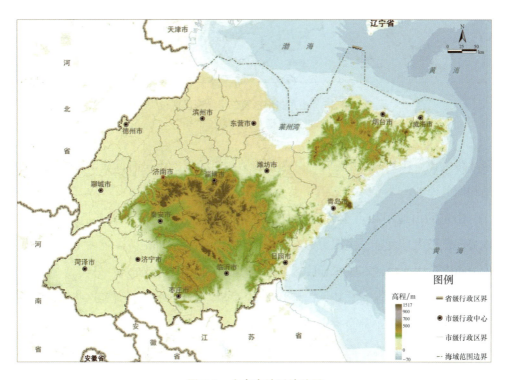

图 3.6　山东省地形地貌图
图片来源：山东省自然资源厅《山东省国土空间生态修复规划（2021—2035 年）》。

山东西北部和西南部是平原地形区，低洼平坦，是中国华北大平原的一部分，也是中国重要的粮食生产基地。但该地区存在一定的水土流失和土地沙化情况。平原面积占全省面积的 65.56%。

山东丘陵面积占全省面积 15.39%，主要分布在东部地区，是平缓的波状浅山丘陵，坡度在 15°以下，这里是全国重要的蔬果生产地。东部低山丘陵和中部山地合称为山东丘陵，与东南丘陵、辽东丘陵一起并称为中国三大丘陵。山东丘

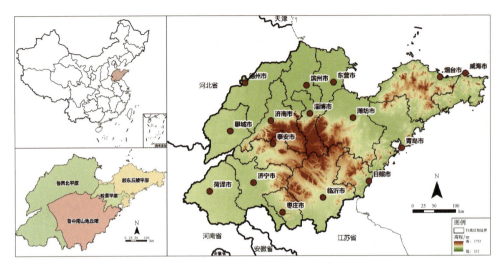

图 3.7　山东省地形及三个地形区区位

图片来源：作者自绘。

陵地带大体呈东北–西南走向，由古老的结晶岩组成，这里有低缓山岗和宽广谷地相间的地形。

　　山东的山地面积占全省面积 14.59%，以泰山山脉为首，形成了山地地形，地势起伏较大且复杂。主要分布在鲁中地区和鲁西南局部地区。境内主要山脉集中分布在鲁中南山区和胶东丘陵区。其他地形区面积占 16%。

　　本书聚焦于山东省丘陵、山地和平原三种地形区的乡村，研究这些地区的特征和特点。山东省中部是鲁中山地地区，全省地势最高。这里有泰山、鲁山、蒙山、沂山等主要山脉，而泰山玉皇顶是全省海拔最高点，海拔高达 1532.7 m。东部的地形是波状低丘陵，海拔相对较低，主要有大泽山、艾山和昆嵛山等山脉。西南和西北部则分布着平原地形，其中包括与华北平原相连的鲁西北平原和鲁西南平原。以上简要描述了山东省地貌的多样性，涵盖了平原、丘陵和山地等，为后续乡村地区研究提供基础资料。

　　稠密的人口和丰富的地貌类型作为影响山东乡村地区生态系统服务的两个主要特征，使得对山东地区乡村的研究具有一定普适意义，可为具有近似普遍性特征的中国其他地区乡村生态系统服务研究提供重要参考和借鉴。

　　图 3.7 为山东省东部地区地貌，多为波状起伏的丘陵，乡村通常位于丘陵下的缓坡地带。图 3.8 为山东中部地区，部分地区为山地，乡村多位于山脚，且沿

等高线散落分布。图 3.9 和图 3.10 为山东省西部地区平原地貌，地势平坦，乡村形态呈团状，多依道路和河流分布。

图 3.8　山东东部地区荫子夼村

图片来源：作者自摄。

图 3.9　山东中部地区青龙官庄村

图片来源：作者自摄。

图 3.10 山东西部地区德州肖庄村
图片来源：作者自摄。

图 3.11 山东西部地区德州闸门子村
图片来源：作者自摄。

3.2.4　山东地区生态系统服务的特殊性

山东地区生态系统服务的特殊性主要体现在农业经济方面，稠密的人口数量决定了山东省对土地开垦的较大强度。山东省是我国主要粮食产区，农田面积广泛分布，主要种植小麦、玉米等粮食作物（图 3.12）。山东省既是我国农业大省又是商品粮基地，在"十四五"开局之时，全省农业现代化发展迈上新的台阶，农业科技进步贡献率超越全国平均水平，达到 65.8%，粮食总产量已经连续 8 年稳定超越千亿斤，成为全国首个第一产业 GDP 过万亿的省份[306]。农业发达、农产品种类齐全造成土地负担较重，对生态系统产生着较大影响。较高的土地开垦强度也导致山东省森林覆盖率相对较低。

图 3.12　山东省主要农产品分布

山东地区拥有东、中、西部三大不同的地形区域，东侧靠海，受海洋调节作用较大；西侧位于内陆，海洋影响较小。此外，地形地貌、土壤质地、水资源等方面也存在差异。虽然各地形区农作物类型大体相似，但粮食和蔬果这两大类农产品的产量却有明显差异。

首先，东部低山丘陵地区，威海市和烟台市位于此地形区，受海洋调节作用影响较大，气候宜人，雨水充足，年温适中，昼夜温差较小，具有一定的海洋性气候特点。降水量较多，棕壤土是主要土壤类型，占据两个城市土壤总面积的80%左右。该地区土壤肥力较高，耕作性能良好，保水能力强，适宜种植果树，是北方较优质的农业土壤。此地动植物资源丰富，农业经济较为发达，苹果、梨、樱桃等水果产量在全国名列前茅。总体来说，该地区气候和土壤条件较为适宜，为东部低山丘陵地区提供了良好的生态系统资源条件。

其次，中部地区，淄博市属于该地形区，气候为北温带季风性大陆性气候，属于半湿润半干旱气候。降雨量相对较低，较东部低山丘陵地区要少。四季分明，夏季炎热多雨，冬季寒冷干燥，春季干旱少雨且多风沙，秋季天气晴爽，冷暖适中。该地区主要土壤类型为褐土和棕壤，占比分别为62.5%和12.6%。土壤质量较好，适合种植玉米、花生、苹果等粮食和经济作物。动植物资源较为丰富，农业经济也相对发达。综合来看，中部地区的生态系统资源条件也较为优越。

平原地区包括德州和菏泽两个位于山东省西北部和西南部的城市。这两个地区都呈现出四季分明、冷热干湿明显的大陆性气候特征。具体来说，德州春季干旱多风，夏季炎热多雨，秋季凉爽多晴天，冬季寒冷少雪多干燥，而菏泽则夏季热冬季冷，四季分明，年降水量较德州稍高。在光照资源方面，这两个地区均拥有丰富的日照时数和强烈的光照强度，尤其集中在作物生长发育的前中期，这有利于作物的光合作用进行。土壤类型方面，德州主要为壤质和沙壤质土，蓄水能力较弱，养分含量较少，保肥能力差，通气性和透水性较好，易于耕作。而菏泽主要土壤为潮土，保水保肥性能较好，养分丰富，适合发展小麦、玉米、大豆、花生等农作物。

相比东部和中部地区，西部地区更适宜粮食类作物的种植，其粮食产量在山东省内居首位。这主要得益于西部地区较为适宜的气候条件和较为肥沃的土壤，同时水资源也较为丰富，为农业经济的发展提供了有利条件。

全省农产品分布均衡，各地均有粮食作物、经济作物和蔬菜果品的产出（表3.4）。东部低山丘陵区的水果产品较为突出，已形成较大规模，产量大、品质高，在全国享有一定知名度。西北和西南平原地区的粮食播种面积较大，是重要的粮食产地。

表 3.4 山东省三大地形区主要自然资源及农业数据对比

			西 ←————————————————→ 东			
地形区	平原地区		山地地区	丘陵地区		特征
城市	菏泽	德州	淄博	烟台	威海	
年均降雨量 /mm	662.7	547.5	650	681	1074.2	大致从东向西依次减少,菏泽偏南故降水增多
年均气温 /℃	13.7	12.9	13.4	12.6	13.3	大致相同
人均水资源量 /m³	243	211	232	450	573	均远低于全国 2200 的人均水平,从东向西依次减少
主要土壤	潮土	壤质、沙壤质	棕壤土	棕壤土	棕壤土	均较适合耕种,适宜的作物种类有区别;西北平原(德州)土壤有一定的沙化和盐碱地
粮食作物播种面积 / 万亩	1783.61(2021 年)	1603.80(2022 年)	326(2021 年)	455.76(2022 年)	182.77(2021 年)	平原地区粮食作物播种面积约是山地和丘陵地区的 5 倍
水果总产量 / 万吨	—	—	102.4(2021 年)	667.9*(2021 年)	119.99(2021 年)	丘陵地区(烟台)最为突出,山地地区(淄博)和丘陵地区(威海)也较强。平原地区产量较少,数据缺失
主要农作物	小麦、玉米、谷子、大豆、高粱、白菜、西瓜、大蒜	小麦、玉米、谷子、甘薯、棉花、西瓜、苹果	小麦、玉米、苹果、樱桃、桃、杏	苹果、梨、花生、海产品	小麦、玉米、花生、大豆、苹果、无花果、人参、海产品	各地区种植业种类均较丰富,东部和中部果蔬占比大,西部地区粮食占比大

表格来源:作者根据山东省统计年鉴、菏泽等地市统计年鉴整理绘制。注:烟台水果总产量数据根据 2021 年苹果、梨、草莓、葡萄的总产量相加得出,有其他种类水果数据未列入,统计不完全。

除了农业,山东省在工业方面同样具有较大优势,拥有完整的工业体系并覆盖了多个领域[307],如重工业、冶金工业、化工产业、机械制造、轻工业、高新技术产业等，为中国经济的发展做出了积极贡献的同时，生态系统服务具有较强人工影响的重要特征。

3.3　生态系统服务感知的测度和分析方法比较

3.3.1　测度方法比较

生态系统服务感知的测度方法通常包括三大类，一是传统的问卷调查法，二是网络数据爬取法，三是设备监测法。

（1）问卷调查法（Questionnaire）简称问卷法，是指调查者通过统一设计的问卷向被调查者了解情况、征询意见的一种资料收集方法。通常由多个问题组成，用于收集被访者的意见、感受、反应、认知等。问卷法是用户研究、市场研究、社会学研究中非常常用的一种方法，可以在短期内收集大量回复，还可以借助网络传播调研而降低成本，具有广泛的应用性。问卷法的分类方式有多种，按照结构分类，可分为结构问卷、无结构问卷、半结构问卷。问卷问题的设置往往结合多种方法，比如照片问卷[59]、语义差异法配合双极量表问卷[62]、李克特量表问卷[70]。与问题相对应，问卷的答案设计可以包括是非型、选项型、排序型（Q方法）、等级型、模拟线性型（量表型）、视图模拟型等[308]。问卷法的优点是不受空间限制、利于定量分析和研究、可避免偏见减少调查误差、成本较低，缺点是易受到被调查者的影响、问卷的有效率可能不高。问卷法的流程通常包括被调查者的选取（随机抽样或分层抽样）、问卷设计的前期探索（文献查阅、选题熟悉、调查体验走访等）、问卷初稿设计、试用修改（小样本客观检验法、行业专家主观评价法）等阶段，最终正式发放，获取调研数据。也有学者在问卷发放过程中配合面对面调查[68]和小组访谈[58]，以获取更多问卷上不包括的信息。建筑学、城乡规划、风景园林等与空间设计领域相关的研究者，将公众参与式地理信息系统法（PPGIS）应用在调研问卷中，可将调研数据与地理空间相结合。由此可见，问卷调查法虽然是较为传统的数据测度方法，但至今仍被研究人员广泛使用。

较常用的问卷一般将题目类型分为量表题和非量表题。量表题是测试受访者的态度或者看法的题目。通常使用李克特量表来测度，根据答项数量可分为四级量表、五级量表、七级量表和九级量表。比如五级量表可以分为：非常不满意，比较不满意，中立，满意和非常满意五个选项，通常赋予分值 1，2，3，4，5。量表题在心理学、管理学、社会学、经济学等社会科学领域应用广泛，并且有很多分析方法适用于量表题项，比如因子分析、相关分析、回归分析、方差分析、T 检验等，中介作用或者调节作用分析也适用于量表题项。非量表题常见的有单选题、多选题和简答题。

（2）网络数据爬取法是指根据既定目标，按照一定规则，有选择地访问互联网上的网页和相关链接来获取所需要的信息，具有覆盖面广、数据丰富的优点。移动互联网的快速发展正深刻影响着中国经济社会的组织方式。截至 2023 年 6 月，中国网民规模已经达 10.79 亿人，网民使用手机上网的比例在 2022 年 12 月已达 99.8%，即基本所有网民都通过手机接入互联网[309]。如此庞大的手机用户群体进行网络活动过程中所形成的虚拟集聚无疑将对实体空间产生巨大影响，不仅在实体和虚拟两个维度重新定义经济社会活动空间，而且将深刻影响利用空间获得经济社会发展的方式与方法。互联网时代促进了虚拟空间和实体空间的深度融合。已有学者开始尝试使用网络数据爬取的方法获取研究数据，利用带有位置信息搜索引擎的搜索规模量大小，如百度指数、谷歌搜索指数、微信、微博[129]、大众点评、抖音等大数据，可对信息时代网络发展与城乡需求空间分布进行有益的探索[310]。总结来看，该方法多用于城市、旅游地、网红打卡地、网红村等研究对象，量大面广的普通乡村的网络数据通常相对缺乏。

（3）设备监测法。在城市公园、居住区等智能设备便捷使用的研究范围内，部分学者开始尝试广泛的探索，如使用智能手机、摄像头影像记录、Wifi 探针、手机信令数据、人体穿戴式设备（Wearable device）、打猎相机等与软件平台相结合进行数据采集。比如，通过穿戴式智能设备实现环境信息的观测、采集、分析、传播，实现城市信息的立体感知[130]。卫星和无人机遥感可感知城市人类活动从而分析其偏好[131]。也有学者将录音数据、GPS 位置数据和现场照片数据等原始数据进行分类处理来识别用户行为，如走路速度、心态情感、所处位置等。值得注意的是，采用这类设备的研究范围多选在城市地区，由于人群的教育背景相对较高、见识程度相对较广、科技设备使用操作的支持度更好，上述数据获取方法更适用于城市空间和人群的研究，且研究区域通常较小、受多方面环境因素制约，在乡村地区采用该类设备的研究较少。

在访谈中发现，基于乡村居民的工作生活方式及人口密度，以上新式方法较难在乡村开展大面积调研。通过综合比较，问卷调查与半结构式访谈相结合的传统方法更适合本研究的"量大面广"和"乡村地区"这两个主要特征，因此选择问卷调查与半结构式访谈相结合的方法进行生态系统服务居民感知的数据测度。

3.3.2 分析方法比较

对问卷数据进行分析时，主要通过数据类型识别、数据分析方法选择这两个步骤对问卷数据进行判别和分析。

第一步，数据类型的识别。数据类型包括定性数据和定量数据（表 3.5）。① 定性数据是一种非数字化的数据类型，主要用于描述或表征事物的质量和特征。定性数据又称软数据，是非统计数据，根据特性、属性、标签和其他标识符进行分类。这种数据通常以文字形式出现，其数据的特点是不能将其量化，即它们只能被定性处理而无法转换为具体的数值，如性别，1 代表男性，2 代表女性。② 定量数据是指能够用数字或其他数值形式表示的数量、数值或范围的资料。定量数据的数字可以对比大小，可以进行精确的比较和分析，因而可以进行平均值计算。

表 3.5　数据类型说明表

数据类型	说明	举例
定性数据	数字大小代表分类，无比较意义	性别，1 男性，2 女性； 专业，1 文科，2 理科，3 工科
定量数据	数字大小具有比较意义	满意程度，1 非常不满意，2 比较不满意，3 中立，4 比较满意，5 非常满意

表格来源：作者根据相关资料整理绘制。

第二步，数据分析方法选择。在数据类型识别确定的基础上，确定数据分析方法。需要结合题目类型和研究目的进行分析方法的选择，常见的研究目的包括：数据基本描述、影响关系研究、差异关系研究及其他关系，具体如表 3.6 和图 3.13。

表 3.6　常用的问卷数据分析方法

分析方法	适用内容	含义	分析方法
问卷常用分析方法（含量表和非量表问卷）	样本背景分析、样本特征分析、样本行为分析	频数：某一观察值出现的次数；描述性分析：使用几个关键数据来概况描述整体情况	频数分析（百分数）、描述性分析（平均值、标准差）
	信度分析（Reliability Analysis）	只针对量表问卷，用来衡量数据结果的一致性、稳定性及可靠性	克隆巴赫信度系数法（Cronbach's α）
	效度分析（Validity Analysis）	数据的有效程度分析	相关效度、准则效度、结构效度
	相关性分析	指对两个或多个具备相关性的变量元素进行分析，从而衡量两个因素的相关密切程度。相关性的元素之间需要存在一定的联系或者概率才可以进行相关性分析	相关分析、回归分析
	差异性分析	又称差异性显著检验，用来判断样本与总体所做的假设之间的差异是否是由于所做的假设与总体真实情况之间不一致所引起	方差分析（ANOVA）、T检验（T-rest）、卡方分析（Chi-Square Analysis）
	影响关系分析	在确定变量之间存在相关关系后，用于确定变量之间的影响程度	线性回归分析、结构方程模型、Logistic回归分析

表格来源：作者根据相关资料整理绘制。

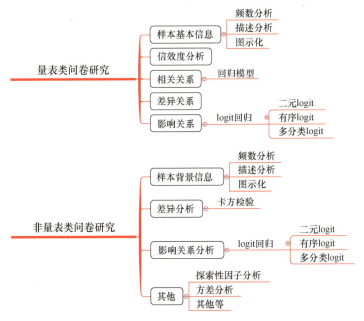

图 3.13　常用的问卷数据分析方法示意
图片来源：作者根据相关资料整理绘制。

3.4　山东乡村地区生态系统服务感知框架构建

乡村生态系统服务评价应该符合乡村特征，从而对不同地域、类型乡村规划和建设加以科学引导。从乡村居民角度出发的乡村生态系统服务评价研究与实践尚为空白，需借鉴国内外相关评价体系中的体系结构、评价方法、准则设定，并在分析我国乡村特点的基础上，将其进行在地化调整。

3.4.1　构建原则和框架

3.4.1.1　构建原则

（1）科学性与系统性

各指标概念须明确且内涵完整，能够度量和反映乡村生态系统服务现状，要考虑理论上的科学性、完备性和正确性。指标体系作为一个有机整体，应能与生态系统供给、调节、支持和文化 4 个类型服务相对应，应多层次构成完整系统化的指标体系，能反映和测度乡村生态系统服务的关键问题和主要特征。

（2）前瞻性与可实现性

评价体系的建立应针对目前乡村生态系统服务的关键问题和今后乡村生态系统服务提升、调控和建设的发展趋势。考虑到山东省近年来在城乡发展方面的主要工作和山东省发展的长期目标，乡村生态系统服务是历经长时间持续演进的结果，指标体系同样需要考虑时间跨度下的渐进发展，契合和尊重原有的动态演进规律。要考虑随着社会经济的发展进步，指标具有一定的前瞻引导作用，也要考虑设定的部分指标对现状的评价和落地性，在规划期限内能够实现。

（3）简洁和可操作性

在上述基础上，应尽量选择有代表性的指标，避免指标在数据统计方面的重复。尽可能利用现有统计指标，要具有可测性和易于量化性。在实际调查中，指标数据易于通过统计资料整理，抽样调查和典型调查可直接从有关部门获得。评价体系的目的是辅助和引导乡村建设，调研对象主要是村委会及村民，应该遵循简单、易懂、易操作的原则。

3.4.1.2　构建框架

本指标体系采用树状分枝多层次结构，这也是大部分评体系采用的结构形式。该结构从上至下分成总目标层、因子层和指标层，是对定性问题进行定量分析的一种简单且灵活的方式，被广泛应用于评价体系建立以及权重系数的决定。其最终的目标是乡村生态系统服务评价，以健康、韧性、低碳为导向对乡村生态系统服务四大类的各指标进行打分。体系从上到下依次是总目标层、因子层和指标层，其结构形式如图 3.14。

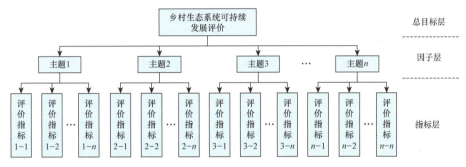

图 3.14　乡村生态系统服务评价体系结构模型

3.4.2　指标初步选取

3.4.2.1　指标选取策略

以健康、韧性、低碳为导向，参考现有生态系统服务评价研究中的指标体系，梳理和筛选评价指标并进行对应分类，形成本研究的乡村生态系统服务居民感知评价体系。健康、韧性、低碳这三个目标包含的指标部分存在重合，如健康和韧性的部分评价指标及分类具有相近之处。为了适应当前社会经济发展背景下对乡村生态系统服务评价的需求，采用以下方法作为指标选择的考量：

（1）以已有文件和政策为引导。综合参考我国"美丽乡村""宜居乡村""乡村人居环境"等相关政策和文件资料，包括《乡村振兴战略规划（2018—2022年）》《中华人民共和国国民经济和社会发展第十四个五年规划和 2035 年远景目标纲要》《山东省乡村振兴战略规划（2018—2022 年）》《中共山东省委关于制定山东省国民经济和社会发展第十四个五年规划和二〇三五年远景目标的建议》《山东省"十四五"推进农业农村现代化规划》，以及其他各部门所颁布的与农业农村现代化和乡村振兴有关的政策文件和相关学术研究成果。

（2）参考现有文献资料中的评价指标。参考的文献主要包括三方面：一是对各类生态系统服务进行指标体系构建和评价的文献，二是对乡村发展各方面进行指标体系构建和评价的文献，三是对城乡健康、韧性、低碳现状和发展趋势方面评价的文献。

第一，对生态系统服务进行评价的文献。首先参考已被广泛认可的联合国千年生态系统评价（MA）和生态系统服务分类[19, 20, 23, 33, 311]相关文献。然后参考生态系统服务感知[37, 96, 99, 102, 312]相关文献。还进一步梳理了乡村地区生态评价相关文献，如生态修复成效评价[313]、乡村河流健康评价[314]、农田生态系统健康评价[315, 316]、土壤肥力和质量评价[317]、村落景观生态风险评价[318, 319]等。

第二，对乡村发展评价的相关文献。文献应与人居环境、农业发展、生态提升、景观空间、环境治理、文化风貌等方面相关，如农业农村现代化评价、乡村振兴指标体系构建[320]、乡村宜居性评价[321, 322]。

第三，对城乡健康、韧性、低碳现状或发展趋势方面评价的文献。主要包括社会、经济、公共卫生[323]、生态、人口等各方面的健康、韧性、低碳评价。

（3）对难以向村民描述清晰、感知数据获取存在偏差，但在指标体系中又十分重要的指标，尽量用易描述、易理解、数据较准确的近似指标代替。因多数参考文献中的指标为客观数据可获取到的指标，因本研究的居民感知指标存在村民教育背景、个人认知差异等方面影响因素，需对客观指标中居民难以理解、难以总结描述的指标，用近似指标进行代替。

3.4.2.2　指标初步选取

（1）对生态系统服务进行评价的文献。首先对生态系统服务评价的现有指标进行了研究和评判，这方面的研究已相对成熟，指标体系具备参考性。广泛参考已有研究中的多项指标并进行梳理和调整，以全面性为主要策略列入了全部相关指标，全范围预选出26项一级指标下的多项生态系统服务评价指标（表3.7）。

表 3.7　乡村生态系统服务指标初选汇总表

准测层	一级指标（26项）	二级指标	解释说明
供给服务	食物	每公顷农产品年产量 /kg、人均农产品年产量 /kg、人均粮食年消耗量 /kg、自产自用粮食占比 /%、人均粮食年销售额 /元	生态系统作为农业生产中可用作食物的部分（鱼、猎物、坚果、水果、作物）等的产地
	木材等原材料	木材（或其他纤维原料）产量 /kg、人均木材（或其他纤维原料）销售额 /元	生态系统作为木材、纤维、橡胶等的产地
	淡水资源	地下水存储量 /m³，水源地、水库年供水量 /m³	生态系统储存和保持水的功能，由流域、水库和地下含水层等提供水源
	药物生化原材料	种类数量及年产量、年销售额	生态系统作为医药、化学试剂材料的产地
	遗传与基因资源	野生动植物种类和数量	生态系统作为遗传、基因科学研究客体的来源
	装饰性资源	产量 /kg	生态系统作为装饰物种（宠物和园艺植物品种）的种植、养殖地
	其他原材料	产量 /kg	生态系统作为初级生产中其他可用作原材料部分的产地
	避难场所种	种类 /种、数量 /个、面积 /km²	生态系统为定居和迁徙生物种群提供育雏地、迁徙种群和栖息地等
调节服务	调节气候	平均风速、日照时间、湿度、温度及其相对周边城市、自然区域差值；地表比辐射率、蒸发量、植被降温潜在能力；植被固碳量等	生态系统调节村落或区域、全球尺度上的温度、降水及其他气候过程
	调节空气	$PM_{2.5}$ 削减量、植被面积 * 污染物转运速率、空气质量优良以上天数	生态系统向大气环境中释放或吸入化学物质，调节大气组分平衡和稳定，提供清新空气

准测层	一级指标（26项）	二级指标	解释说明
	水文调节	地下水存储量/m^3，水源地、水库年供水量/m^3，地表径流深度，河流流量	通过生态系统拦截、吸收和利用贮存的降水，调节径流，降低洪灾和旱情时的危害
	净化水质	生活污水处理率、水域质量等级，下游河流水质等级	通过生态系统滤除、分解和利用降水中的有害化学物质，提供洁净的饮用水资源
	水土保持	水土流失程度、植被覆盖率，周边河流、湖泊含泥沙量	通过生态系统固持土壤、减缓侵蚀，防止风力、径流和其他动力过程造成土壤流失，将淤泥储存于湖泊和湿地的功能
	生物繁衍及多样性存续	植被覆盖度、生境连接度、植物香农威纳多样性指数、均匀度指数、生境多样性指数	生境地保存和繁殖地保护，生态系统对于地域内生物种群的动态调节作用，如传粉等
	控制疾病	流行性疾病发生频率和规模程度	生态系统对于人或其他生物疾病传播抑制、阻断作用
	控制虫害	虫害发生频率和规模程度	生态系统自身对于害虫繁衍、活动的抑制作用
	降低噪声	区域环境噪声平均值、叶面积距道路距离	生态系统对于噪声的弱化作用
支持服务	土壤形成与养分保持	耕地土壤pH、土壤养分（SOC、P、K、N、Mg、Ca）及有机物含量、土壤污染（Pb、Ni、Cu、Zn、Hg）、土壤菌落数量平均值、耕地土壤无机盐含量	生态系统拦截、分解土壤中的有机物，提供肥沃土壤资源，进行土壤形成以及养分的储存、内部循环、处理和获取过程，包括岩石的风化和有机质的积累、N、P等元素和养分的循环等

续表

准测层	一级指标（26 项）	二级指标	解释说明
文化服务	休闲及乡村生态旅游	休闲、娱乐功能生态用地面积占比、人均绿地面积、设施数量、类型与质量	人们在闲暇时间选择的去处，具有自然或人造景观的特征，提供休闲活动的机会，进行生态旅游，体育垂钓，其他户外休闲活动
	审美体验	景观植被颜色和谐度	生态系统提供美的享受或美学、观赏价值
	历史、精神与宗教价值	历史建筑和场所、祭祀场所数量、规模等	生态系统提供历史景观（人文或自然）、精神价值，将宗教与精神意义寄托在某些景观中，或能感受到对自然的敬意，寄托与生态系统相关的精神和文化，比如灵感、宗教、故土情结
	灵感价值	创作种类、数量、知名程度	可以为艺术创作、民间传说、建筑等提供丰富的灵感源泉
	科学教育	科学、教育机构年均参观人次	生态系统为正式和非正式的教育提供基地，传递智慧和知识，为学生提供了观测、研究和认识自然生态系统的机会，比如可以作为科研教育的对象
	乡土地域文化传承	地域归属感与地方依恋量度，是否包括物质、非物质文化遗产	生态系统提供文化、家乡归属感、地域感和遗产价值
	社会关系承载	社会网络强度	生态系统作为社会关系存续和发生的场所

表格来源：根据参考文献［19，20，23，33，311］整理绘制。

（2）对乡村发展评价的相关文献。指标的初步选取充分整合了乡村人居环境、农业发展、生态提升、景观治理、文化风貌等方面的评价指标，广泛参考已有研究中的多项指标并进行梳理和调整，以全面性为主要策略列入了全部相关指标，全范围预选出生态系统服务直接影响下的乡村发展相关评价指标（表 3.8）。文献应与人居环境、农业发展、生态提升、景观空间、环境治理、文化风貌等方面相关，如农业农村现代化评价、乡村振兴指标体系构建[320]、乡村宜居性评价[321, 322]等。

表 3.8　生态系统服务直接影响下的乡村发展相关评价指标汇总表

准测层	指标层	计算方法	属性
经济产业	粮食综合生产完成率	当年粮食总产量 / 年目标产量	+
	高标准农田占比	已建成高标准农田面积 / 耕地总面积	+
	农林牧渔服务业产值比重	农林牧渔服务业产值 / 农林牧渔业产值	+
	农业劳动生产率	一产增加值 / 农业劳动人口数量	+
	农用地生产率	一产增加值 / 农用地面积	+
	农作物耕种收综合机械化率	农业生产中使用机器完成的作业量占总作业量的比例	+
	规模以上农业加工业产值与农业总产值比	规模以上农产品加工业总产值 / 农林牧渔业总产值	+
	农业科技进步贡献率	农业科技进步率 / 农业总产值增长率	+
基础设施	自来水普及率	农村拥有自来水的家庭数量 / 总的家庭数量	+
	人均公路里程	地区公路里程 / 地区常住人口数量	+
	4G 网络覆盖率	4G 网络用户人数 / 常住人口数量	+
	农村居民年人均生活用电量	地区用电总量 / 地区常住人口数量	+
公共服务	每万人中小学数	各地市中小学数量 / 常住人口数量	+
	城乡居民基本养老保险参保率	城乡居民基本养老保险参保人数 / 常住人口数量	+
	每万人口乡镇综合文化站数量	各地市文化站数量 / 常住人口数量	+
	农村每千人医疗机构床位数	乡镇卫生院床位数 / 乡镇常住人口数量	+
人居环境	森林覆盖率	森林面积 / 土地总面积	+
	县级及以上城市空气质量优良天数比率	县级及以上城市环境空气质量指数达到或优于国家质量二级标准的天数 / 总天数	+
	地表水达到或好于Ⅲ类水体比例	水质达到或优于Ⅲ类的国控地表水环境质量监测断面数 / 断面总数	+
	农村无害化卫生厕所普及率	行政区累计无害化卫生厕所户数 / 乡村总户数	+
	农村生活污水治理率	已完成生活污水治理的自然村数 / 自然村总数	+

准测层	指标层	计算方法	属性
乡村治理	社区（综合）服务站覆盖率	地级市建有社区服务站总数 / 村委会 + 居委会个数	+
	每万人口受理治安案件数	地级市年度受理治安案件数 / 地级市年度常住人口数	−
	集体经济薄弱村占比	集体经济年收入低于 5 万元的村数量 / 汇入统计有集体经济组织的行政村数	−
农民富足	城乡居民人均收入比	城市居民收入 / 农村居民收入	+
	农村常住居民可支配收入	统计数据	+
	农村居民人均消费支出	统计数据	+
	农村居民恩格尔系数	农村人均食物支出 / 农村人均消费支出	−

表格来源：根据参考文献［320—322，324］整理制作。

（3）对乡村健康、韧性、低碳现状或发展趋势方面评价的文献。主要包括社会、经济、公共卫生、生态环境、人口等各方面的健康、韧性、低碳评价。

① 乡村生态系统服务健康指标评价初选。受生态系统直接影响的乡村健康相关要素评价。以乡村生态环境与公众健康的影响要素为主导，以国内外已有的健康城市、健康乡镇、健康建筑评价指标作参考，包括乡村区域生态环境、文化风俗习惯、社会经济发展状况、基础设施建设和公共服务发展水平等方面（表 3.9）。

表 3.9　生态系统服务影响下的乡村健康评价指标汇总表

准则层	一级指标	二级指标	属性
健康环境	空气质量	空气质量优良天数比例	+
	饮水安全	生活饮用末梢水水质合格率	+
		农村集中式供水受益人口比例	+
	环境卫生	农村卫生厕所普及率	+
		农村生活垃圾集中收集管理率	+
	农业行为	化肥施用量	+
		农膜使用量	+
		秸秆综合利用率	+

准则层	一级指标	二级指标	属性
健康生活	健康素养	居民健康素养水平	+
	健康行为	经常参加体育锻炼的人口比例	+
健康服务	卫生服务	每千常住人口乡村医师数	+
		15分钟基本医疗卫生服务覆盖率	+
健康社会	经济发展	建档立卡贫困户数减少比例	+
		居民人均可支配收入	+
	食品安全	食源性疾病爆发事件患者数	+
文化氛围	文化氛围	中小学健康、体育课程开课率	+
		社会交往关系紧密融洽度	+
健康生态	生物多样性	村域范围内植物种类	+
		村域范围内野生动物种类	+
	森林覆盖率	森林覆盖率	+

表格来源：根据参考文献 [314，325，326] 整理制作。

② 乡村生态系统服务韧性评价指标初选。受生态系统直接影响的乡村韧性相关要素评价，用来评价生态系统对乡村各方面功能自我调节和恢复能力的促进，韧性的维度覆盖了社会、经济、自然、人力、心理、设施等多个方面（表3.10），包括经济韧性、社会韧性、环境韧性、生态韧性、文化韧性等5个方面。

表 3.10　生态系统服务影响下的乡村韧性评价指标汇总表

准则层	指标层	计算方法	属性
经济韧性	耕地面积	耕地面积 /hm^2	+
	集中生产的规模	村内工厂数量	+
	粮食总产量	粮食总产量 /t	+
	农村居民人均可支配收入	农村居民人均可支配收入 / 元	+
	经济情况	农村居民可支配收入	+

准则层	指标层	计算方法	属性
社会韧性	人口规模	村庄常住人口数	−
	居民点聚集度	农村宅基地总面积 / 各村庄斑块个数	−
	老年人口占比	村内 60 岁以上老人数量 / 总人口	−
	人口流动	（乡镇迁出人口—迁入人口）/ 村庄个数	−
	综合服务水平	村内公共服务设施类型数量	+
	村内医疗救助能力	村级医疗卫生点数量	+
	学校数量	村内学校数量	+
	养老机构数量	村级养老服务设施数量	+
	国土空间开发强度	村庄建设用地规模 / 村域面积	+
	城镇辐射影响	村庄离城镇建成区距离	+
	公共安全、灾害防治相关支出	乡镇相关支出 / 村庄个数	+
	信息化程度	广播、电视、宽带网络覆盖率	+
	人均农用机械总动力	人均农用机械总动力	+
	人均临时安置点占地面积	（广场用地面积 + 公园绿地面积 + 教科文卫用地面积）/ 村庄总人口	+
	乡镇级卫生院站点数	乡镇卫生院站点总数	+
	乡镇医护人员千人比	乡镇医护人员总数 / 千人	+
	乡镇常备床位千人比	乡镇床位数总数 / 千人	+
	社会交往人数	社会交往人数 / 人	+
	居民点距县级医院最短路径	村庄居民点距县级定点应急医疗机构的最短路径	−
	村庄人均拥有道路面积	村庄道路总面积 / 村庄总人口	+
	交通可达性	村庄距不同等级外部交通线的路径距离	+
	公路密度	公路密度	+
环境韧性	公厕数量	村内标准公厕数量	+
	农药化肥使用强度	使用总量折纯 / 农作物总播种面积	
生态韧性	森林面积	森林面积 / hm^2	+
	水土流失	森林面积 / km^2	+
	植被固碳	植被固碳价值 /（Pg C/a）	+
	二氧化碳排放	二氧化碳排放量 / t	+
	生物多样性	物种丰富度	+
	蓄洪区面积占比	蓄洪区面积 / 村域面积	−
	地质灾害易发生区域面积占比	地质灾害易发生区面积 / 村域面积	−

准则层	指标层	计算方法	属性
文化韧性	中小学在校人数	中小学在校人数 / 人	+
	文化站个数	文化站个数 / 个	+
	宣传栏更新频率	次 / 年	+
	教育、科技、文体和传媒财政支出占比	教育、科技、文体和传媒财政支出 / 总支出	+

表格来源：作者根据参考文献［323，327-329］绘制。

③ 乡村生态系统服务低碳指标初选。受生态系统直接影响的乡村低碳相关要素评价，主要包括碳汇（碳吸收）和碳源（碳排放），这是影响人类碳环境的两个重要方面。增加碳汇、减少碳源是实现低碳的有效措施，对改善环境气候有着同样重要的作用。本书将碳源和碳汇分类列入指标，能更清晰地对乡村碳汇和碳源进行表征（表 3.11）。碳汇（碳吸收）方面，主要通过植物光合作用将 CO_2 进行固定。碳源（碳排放）方面，国家和城市尺度的碳活动涵盖范围和类型远大于乡村。乡村产业中工业的比重极少，主要包括农业、林业以及依赖在其之上的极少数的家庭活动。这部分消耗的能源较少并与村民的生活密不可分，因而乡村的能耗主要是指乡村社会生活所产生的能耗和随之而产生的碳排放。

表 3.11　生态系统服务影响下的乡村低碳评价指标汇总表

准则层	指标	属性
低碳生活	户均二氧化碳排放量	−
	沼气使用率	+
	节能家电使用率	+
	太阳能使用率	+
低碳治理	森林覆盖率	+
	生活污水处理率	+
	垃圾无害化处理率	+
	完成改厕户比例	+

续表

准则层	指标	属性
低碳生产	低碳农药使用率	+
	农业副产品再利用率	+
	有机肥使用率	+
	秸秆综合利用率	+
	有效灌溉面积比重	+
	规模化禽畜养殖场粪便综合利用率	+
低碳建筑	低碳建筑比例	+
	复合型材料门窗使用率	+
	建筑低碳设计率	+
	保温隔热建材使用率	+
低碳交通	低碳出行方式所占比例	+
	私家车户均拥有量	−
低碳政策	低碳教育普及度	+

表格来源：根据参考文献 [330—332] 绘制。

3.4.3　山东省乡村地区生态系统服务居民感知评价体系构建

3.4.3.1　赋权方法比较

计算权重是一种常见的分析方法，在实际研究中，需要结合数据的特征情况进行赋权方法的选择。常用的权重方法包括因子分析法、主成分分析法、层次分析法（AHP）、熵值法等（表 3.12）。这些权重计算方法的原理各不相同，结合各类方法计算权重的原理大致上可分成 4 类：第一类为因子分析法和主成分分析法，此类方法利用了数据的信息浓缩原理，利用方差解释率进行权重计算；第二类为层次分析法和优序图法，此类方法利用数字的相对大小信息进行权重计算；第三类为熵值法（熵权法），此类方法利用数据熵值信息即信息量大小进行权重计算；第四类为 CRITIC 权重、独立性权重和信息量权重，此类方法主要是利用数据的波动性或者数据之间的相关关系情况进行权重计算。

表 3.12　常用的权重计算方法汇总表

序号	方法	计算原理	备注
1	因子分析法	根据信息浓缩大小判断权重。通过数据的信息浓缩原理，利用方差解释率进行权重计算	
2	主成分分析法		
3	层次分析法（AHP）	利用数字的相对大小信息进行权重计算。即通过相对重要性进行权重计算，适用专家打分等	主观和客观相结合法
4	优序图法		
5	熵值法（熵权法）	利用数据熵值信息，即信息量大小（数据不确定性）进行权重计算。适用场景比较广	客观赋权法
6	CRITIC 权重	利用数据波动性或数据直接的相关关系（如冲突性）进行权重计算	
7	模糊综合评价法	借助模糊数学的相关概念，对实际的综合评价问题提供评价	综合评价方法
8	灰色关联法	通过关联性大小进行度量数据之间的关联程度	综合评价方法
9	TOPSIS 法	结合数据间的大小，得出优劣方案排序	综合评价方法
10	熵权法 TOPSIS 法	先使用熵权法得到新数据，然后利用新数据进行 TOPSIS 法研究	综合评价方法
11	独立性权重	利用数据相关性强弱进行权重计算	
12	信息量权重	利用数据变异性进行权重计算	
13	DEMATEL 法	利用要素之间的逻辑关系和直接影响矩阵确定权重	

表格来源：根据文献和资料整理绘制。

3.4.3.2　生态系统服务感知评价指标体系构建

综合上文的生态系统服务评价、乡村健康、乡村韧性、乡村低碳评价初选指标，可发现各类体系的目标虽不尽相同，但较多的具体指标存在重复性和近似。根据既定的指标选取策略，将"乡村""生态系统服务""居民感知""健康""韧性""低碳"等要素结合并综合考虑，选取符合本研究评价目标且乡村居民可感知的指标。

由于村民感知属于主观模糊性感受，无法精准感知指标层的多数具体内容，但可对"准则层"的生态系统服务程度进行感知。因此，首先确定生态系统服务乡村居民感知的特征，经文献借鉴总结和专家讨论，确定可被乡村居民感知的指标特征为"可被村民感知""可用村民能理解的通俗语言描述""具备优化提升的操作性"等三个方面。

（一）指标第一轮选择

通过研判和专家咨询，从上文全范围初选指标中选择生态系统服务直接影响下的乡村健康、韧性、低碳评价指标，共计 25 项（表 3.13），包括乡村居民健康指标 5 项，为居民健康素养水平、空气质量优良率、地下水和地表水优良率、公园及休闲健身广场个数、社会交往关系融洽度；乡村社会经济韧性指标 13 项，为人均耕地面积、人均粮食产量、年人均可支配收入、地区生产总值、人均水资源量、小初高在校人数、村庄常住人口数、老年人口占比、每千人拥有执业教师人数、每千人拥有执业医生人数、每千人拥有医疗床位数、公路里程、图书馆与文化站个数；乡村低碳指标 7 项，为林地面积、草地面积、湿地面积、化肥施用强度、农药施用强度、农膜使用量、每户自来水使用量。

表 3.13　乡村生态系统服务居民感知评价第一轮指标选择

目标	序号	指标	单位	指标属性	指标释义
健康	1	居民健康素养水平	等级	+	身体健康状况
	2	空气质量优良率	%	+	空气质量情况
	3	地下水和地表水优良率	%	+	饮水用水安全
	4	公园及休闲健身广场个数	个	+	休闲健身场所
	5	社会交往关系融洽度	等级	+	良好的社交氛围有利于精神健康
韧性	6	人均耕地面积	亩 / 人	+	生态系统服务直接影响下的经济韧性
	7	人均粮食产量	kg / 人	+	
	8	年人均可支配收入	元	+	经济韧性
	9	地区生产总值	亿元	+	
	10	人均水资源量	m³ / 人	+	生态韧性
	11	小初高在校人数	人	+	社会韧性
	12	村庄常住人口数	人	−	
	13	老年人口占比	%	−	
	14	每千人拥有执业教师人数	人	+	
	15	每千人拥有执业医生人数	人	+	
	16	每千人拥有医疗床位数	张	+	
	17	公路里程	km	+	
	18	图书馆与文化站个数	个	+	文化韧性

目标	序号	指标	单位	指标属性	指标释义
低碳	19	林地面积	亩	+	碳汇，碳存储面积
	20	草地面积	亩	+	
	21	湿地面积	亩	+	
	22	化肥施用强度	kg/亩	−	碳源，低碳行为
	23	农药施用强度	kg/亩	−	
	24	农膜使用量	kg/亩	−	
	25	每户自来水使用量	m³	−	

表格来源：根据文献和资料整理绘制。

（二）指标确定

在第一轮指标的基础上进行 2 轮乡村预调研，根据问卷发放及访谈情况，进一步选定生态系统服务乡村居民感知指标共 15 项（表 3.14）。筛选遵循"生态系统服务直接影响"和"居民易感知、可描述"这两项原则。最终确定指标如下：① 乡村居民健康评价包括 5 项指标，分别是气温舒适度、湿度舒适度、水体（地表水和地下水）质量、空气质量、公园等人工景观满意度，这些指标可表征乡村居民身心健康及影响身心健康的环境因素；② 乡村经济社会韧性评价包括 7 项指标，分别是粮食本地供给度、蔬果本地供给度、饮用水本地供给度、生活用水本地供给度、昆虫数量增多程度、常见野生动物种类（自然鱼类、麻雀、刺猬等）、水资源丰沛度，可表征乡村经济、生态韧性；③ 乡村低碳评价指标 3 项，包括建造类木材本地供给度、土壤质量、村中街道绿化满意度，主要体现了对乡村碳汇的贡献。

表 3.14　乡村生态系统服务居民感知评价指标

总目标	一级评价指标	二级指标	三级指标	释义
A 乡村生态系统服务居民感知评价	B1 健康评价	温度	C1 气温舒适度	对乡村居民身体健康的直接影响要素
		湿度	C2 湿度舒适度	
		水体	C3 水体质量	
		空气	C4 空气质量	
		休闲健身	C5 公园等人工景观满意度	居民户外建设和社交场所

续表

总目标	一级评价指标	二级指标	三级指标	释义
	B2 韧性评价	食物	C6 粮食本地供给度	基本粮蔬本地供应能力；农业经济能力
			C7 蔬果本地供给度	
		水源	C8 饮用水本地供给度	饮用水和生活用水本地供应能力
			C9 生活用水本地供给度	
		生物多样性	C10 昆虫数量增多程度	生态系统韧性
			C11 常见野生动物种类	
		水体	C12 水资源丰沛度	水资源量
	B3 低碳评价	碳汇	C13 建造类木材本地供给度	林地面积判断
			C14 土壤质量	固碳植被的适生条件
			C15 村中街道绿化满意度	村中绿化程度

表格来源：根据文献和资料整理绘制。

（三）指标权重确定

根据指标数据特征，权重的计算采用层次分析法（AHP）与德尔菲法相结合的综合方法。

层次分析法（AHP）是一种适用于处理与从多个备选方案中做出选择相关的复杂系统的方法，它提供了所考虑选项的比较。该方法分析的基本原则是基于知识连接信息以做出决定或预测的可能性；知识可以从经验中获取，也可以从其他工具的应用中获得。在可以应用层次分析法的不同环境中，可以提到优先事项列表的创建、最佳政策的选择、资源的优化配置、结果和时间依赖性的预测、风险评估和规划[333]等。

德尔菲法（Delphi Method）起源于20世纪50年代的美国商业界，是一种成熟、灵活、适应性强的研究方法。其运作过程是利用一系列数据收集和分析技术，穿插反馈、收集和提取专家的匿名判断的迭代过程，通常需要进行三至五轮（图3.14）。德尔菲法具有匿名性、迭代、受控反馈和统计性的关键特征，将层次分析法的定性与德尔菲法的定量技术相结合，通过群体沟通实现模型构建。

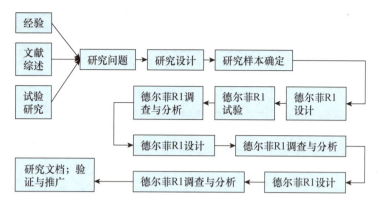

图 3.15　三轮德尔菲法过程示意
图片来源：作者根据资料绘制。

然而，由于一些决策和解决问题的工作复杂性较高，以至于人们无法使用经验和知识精确地进行定量判断，导致传统层次分析法不能真正反映人类的思维方式。模糊集合理论遵循人类决策，并利用估计信息和模糊性来生成决策。模糊层次分析法（FAHP）是模糊集合理论与层次分析法相结合形成的一种多准则决策方法，在处理模糊性和不确定性的决策问题方面具有优势[334]，近年来得到广泛应用。模糊层次分析法综合了模糊集合理论和层次分析法的优势，将决策从清晰转换为模糊[335]，允许决策者不使用标准参数进行决策评判，较客观地反映出符合人类思维方式的决策过程。因此，使用模糊层次分析法作为乡村生态系统服务居民感知评价体系权重计算的主要方法。

通过模糊层次分析法确定和计算指标权重的具体流程分为：① 确定评价对象集；② 构造判断矩阵；③ 计算层次单排序向量和一致性检验；④ 计算层次总排序向量和一致性检验；⑤ 评价指标权重计算结果。

（1）确定评价对象集

设评价总目标为 U，包含 m 个一级评价指标，即 $U=\{u_1, u_2, \cdots, u_i, \cdots, u_m\}$；一级指标 U_i 包含 n 个二级评价指标，二级指标 U_{ij} 包含 p 个三级指标，依次类推可分别得出 $U_i=\{u_1, u_2, \cdots, u_i, \cdots, u_n\}$，$U_i=\{u_1, u_2, \cdots, u_i, \cdots, u_n\}$。根据表 3.11，本研究中共有四级指标，其中一个评价总目标，3 个一级评价指标，10 个二级评价指标，15 个三级评价指标。

还要根据每个选项，建立评价等级集。设每个指标的程度评价为 V，$V=\{v_1,$ $v_2,\cdots,v_n\}$，每个等级对应一个模糊子集，表示对评价结果等级的分类集合。根据心理学原理将评价级别划分 5 级，各级别的具体含义用"粮食本地供给度"为例示范，如表 3.15。

表 3.15 选项评价等级示例表

评价等级	V	评价选项含义（问卷释义）
非常满意	v_1	90% 以上的粮食为本地供给
较满意	v_2	60%～80% 粮食为本地供给
一般	v_3	40%～60% 粮食为本地供给
较不满意	v_4	20%～30% 粮食为本地供给
非常不满意	v_5	20% 以下粮食为本地供给

表格来源：作者自绘。

各级评价指标的权重系数分别为：$W=\{w_1, w_2, \cdots, w_i, \cdots, w_M\}$；$W_I=\{w_1, w_2, \cdots, w_j, \cdots, w_N\}$；$W_{IJ}=\{w_1, w_2, \cdots, w_k, \cdots, w_p\}_{IJ}$。同时必须满足条件 $0<w_i\leqslant 1$，$\sum_{i=1}^{M}w_i=1$；$0<w_{jI}\leqslant 1$，$\sum_{j=1}^{M}w_{iI}=1$。

（2）建立模糊判断矩阵

基于构建的乡村地区生态系统服务居民感知评价递阶层次结构模型，进行各层次内要素间两两比较判断矩阵的构造：$A=(a_{ij})_{n\times n}$，其中 a_{ij} 表示要素 A_i 相对要素 A_j 的重要度数值，即 $a_{ij}=A_i/A_j$ 的比较值（表 3.16）。该正互补判断矩阵 A 需满足以下条件：$0\leqslant a_{ij}\leqslant 1$，$a_{ij}+a_{ji}=1$，$a_{ii}=0.5$，$\sum_{i=1}^{n}\sum_{j=1}^{n}a_{ij}=\dfrac{n^2}{2}$。

表 3.16 $a_{ij}=A_i/A_j$ 的比较值说明表

A	A_1	A_2	A_3	$\cdots$	A_n
A_1	0.5	a_{12}	a_{13}	$\cdots$	a_{1n}
A_2	a_{21}	0.5	a_{23}	$\cdots$	a_{2n}
A_3	a_{31}	a_{32}	0.5	$\cdots$	a_{3n}
$\cdots$	$\cdots$	$\cdots$	$\cdots$	0.5	$\cdots$
A_n	a_{n1}	a_{n2}	a_{n3}	$\cdots$	0.5

根据递阶层次结构模型中各层次内两两要素的相对比较，得此模糊判断矩阵 A。判断矩阵中 $0 \leqslant a_{ij} \leqslant 1$，$a_{ij}$ 值越大表示要素 A_i 较要素 A_j 重要性越高，当 $a_{ij}=0.5$ 时代表要素 A_i 与要素 A_j 同等重要。

$$A = \begin{pmatrix} 0.5 & a_{12} & a_{13} & \cdots & a_{1n} \\ a_{21} & 0.5 & a_{23} & \cdots & a_{2n} \\ a_{31} & a_{32} & 0.5 & \cdots & a_{3n} \\ \cdots & \cdots & \cdots & 0.5 & \cdots \\ a_{n1} & a_{n2} & a_{n3} & \cdots & 0.5 \end{pmatrix} \quad （3-1）$$

（3）计算层次单排序向量和一致性检验

模糊层次单排序向量的计算通常有两种运算方式：对每一个模糊判断矩阵的每一行进行求和，将这些行求和构成的一个向量进行归一化处理，并将处理后的特征向量记为 W，W 的分量即为相应要素的权重值；或运用公式 $w_i = \dfrac{\sum_{k=1}^n a_{ik} + \dfrac{n}{2} - 1}{n(n-1)}$ 直接计算 W 的分量。本研究采用行求和及归一化处理的方法进行权重向量 W 的计算。

① 设模糊判断矩阵为 $A = (a_{ij})_{n \times n}$，首先对 A 中的每一行进行行求和，即

行求和 $S_{ai} = \sum_{j=1}^n a_{ij}$，$i, j = 1, 2, 3, \cdots, n$。

② 对每一个行求和 S_{ai} 构成的向量 $(S_{a1}, S_{a2}, S_{a3}, \cdots, S_{an})$ 进行归一化处理，即

准则层对目标层的权重向量 $W^B = \left(\dfrac{S_{a1}}{\sum_{i=1}^n S_{ai}}, \dfrac{S_{a2}}{\sum_{i=1}^n S_{ai}}, \dfrac{S_{a3}}{\sum_{i=1}^n S_{ai}}, \cdots, \right.$

$\left. \dfrac{S_{an}}{\sum_{i=1}^n S_{ai}} \right)^{\mathrm{T}}$，$i = 1, 2, 3, \cdots, n$。

同理，可得到指标层对各准则层的权重向量 $W_1^C, W_2^C, W_3^C, \cdots, W_n^C$。

被调查者的判断完全一致时，判断矩阵的比值也应该是唯一的，但在实际问题中由于判断对象的多样性以及判断者的客观性的差异，无法保证这一判断的一致性，因而需对模糊互补判断矩阵进行一致性检验。模糊层次分析法中判断矩阵的一致性定义主要包括加性定义和乘性定义。

加性定义：

$a_{ij} = a_{ik} - a_{jk} + 0.5$，$\forall k \in N$，等价于 $a_{ij} + a_{jk} + a_{ki} = a_{ji} + a_{kj} + a_{ik} = 1.5$。

乘性定义：

$a_{ij}a_{jk}a_{ki}=a_{ji}a_{kj}a_{ik}$，$\forall i$，$j$，$k \in N$；$i \neq j \neq k$。

模糊互补矩阵是一致性矩阵的充要条件为：任意指定行和其他各行对应要素之差为某一常数，因此若满足此条件说明模糊判断矩阵符合一致性要求，若不满足则认定模糊判断矩阵不符合一致性要求，这时便需对判断矩阵进行调整再计算，以达到合理要求。

（4）计算层次总排序向量和一致性检验

层次总排序是指模糊判断矩阵内各要素对于目标层的相对权重排序，也就是指标层中的各种影响生态感知结果的因子对村镇社区生态感知评价的权重排序，进而得到能够形成村镇社区居民生态感知过程的关键要素。具体计算步骤为：

① 以层次单排序向量计算过程中获得的指标层对各准则层的权重向量 W_k^C 为列向量构成矩阵，即

$$W^C = (W_1^C, \ W_2^C, \ W_3^C, \ \cdots, \ W_n^C) \quad i=1, \ 2, \ 3, \ \cdots, \ n$$

② 计算层次总排序向量，即

$$W = W^B W^C$$

运用上述模糊判断矩阵中一致性定义 $a_{ij}=a_{ik}-a_{jk}+0.5$，$\forall k \in N$ 或 $a_{ij}a_{jk}a_{ki}=a_{ji}a_{kj}a_{ik}$，$\forall i$，$j$，$k \in N$；$i \neq j \neq k$ 检验判断矩阵的一致性是否符合要求，若不满足则认定模糊判断矩阵不符合一致性要求，这时便需对判断矩阵进行调整再计算，以达到合理要求。

（5）评价指标权重计算结果

根据乡村地区生态系统服务居民感知评价体系构建两两比较的模糊判断矩阵，进而得到 AB_n、B_1C_n、B_2C_n、B_3C_n 四个模糊判断矩阵。然后采用德尔菲专家评定法，邀请 10 位该领域专家对以上四个判断矩阵进行因子重要性标度判定。为了使关于某准则的两个要素进行重要程度对比时得到更加准确、客观的定量描述，故采用九级标度法原理的 0.1～0.9 标度给予重要性标度[336]（表3.17）。

表 3.17 比较判断因子重要性标度及其定义说明表

表 3.17 比较判断因子重要性标度及其定义说明表

重要性标度	定义	说明
0.5	同等重要	两元素相比较，同等重要
0.6	稍微重要	两元素相比较，一元素比另一元素稍微重要
0.7	明显重要	两元素相比较，一元素比另一元素明显重要
0.8	重要得多	两元素相比较，一元素比另一元素重要得多；两元素相比较，一元素比另一元素极端重要
0.9	极端重要	
0.1，0.2，0.3，0.4	反比较	若要素 A_i 与要素 A_j 相比较得到判断 a_{ij}，则要素 A_j 与要素 A_i 相比较得到的判断为 $a_{ji}=1-a_{ij}$

通过 10 位专家对四个模糊判断矩阵的因子重要性标度判定，并按照层次单排序与一致性检验、层次总排序与一致性检验等步骤，得到最终计算结果。

AB_n、B_1C_n、B_2C_n、B_3C_n 四个模糊判断矩阵经过一致性检验均符合要求，其中 w_i 即准则层和指标值对应因子的权重，由评价因子总排序得到各指标总权重（表 3.18）。由表 3.18 可知，居民健康感知权重为 38.279%，乡村经济社会韧性感知权重 43.352，乡村低碳感知权重 18.189%。

表 3.18 乡村生态系统服务居民感知评价体系

总目标	一级评价指标	权重 /（%）	二级指标	三级指标	权重 /（%）	释义
A 乡村生态系统服务居民感知评价	B1 健康评价	38.279	温度	C1 气温舒适度	7.691	对乡村居民身体健康的直接影响要素
			湿度	C2 湿度舒适度	7.279	
			水体	C3 水体质量	10.652	
			空气	C4 空气质量	5.666	
			休闲健身	C5 公园等人工景观满意度	6.990	居民户外建设和社交场所
	B2 韧性评价	43.532	食物	C6 粮食本地供给度	6.912	基本粮蔬本地供应能力；农业经济能力
				C7 蔬果本地供给度	5.530	
			水源	C8 饮用水本地供给度	7.775	饮用水和生活用水本地供应能力
				C9 生活用水本地供给度	6.220	
			生物多样性	C10 昆虫数量增多程度	6.006	生态系统韧性
				C11 常见野生动物种类	5.134	
			水体	C12 水资源丰沛度	5.956	水资源量

续表

总目标	一级评价指标	权重/（%）	二级指标	三级指标	权重/（%）	释义
	B3 低碳评价	18.189	碳汇	C13 建造类木材本地供给度	6.272	林地面积判断
				C14 土壤质量	7.794	固碳植被的适生条件
				C15 村中街道绿化满意度	4.123	村中绿化程度

资料来源：作者自绘。

　　总体来说，15 项指标都基于生态系统服务的基本服务水平进行感知评价。其中，健康用来评价对乡村居民健康有促进和影响的生态系统服务指标，包括 5 项指标，气温舒适度、湿度舒适度、水体质量、空气质量、公园等人工景观满意度，这些指标可表征乡村居民身心健康及影响身心健康的环境因素；韧性进一步评价乡村各要素之间均衡关系面对内外干扰时的抗压和自我恢复能力，包括 7 项指标，粮食本地供给度、蔬果本地供给度、饮用水本地供给度、生活用水本地供给度、昆虫数量增多程度、常见野生动物种类、水资源丰沛度，可表征乡村经济、生态韧性；低碳用于评价乡村的低碳水平，整体来说低碳指标应包括碳汇和碳源这两个直接评价碳吸收和碳排放的方面，及"减源增汇"低碳理念措施的实施情况评价。但基于村民感知相对容易的方面，只列入了碳汇指标共 3 项，包括建造类木材本地供给度、土壤质量、村中街道绿化满意度，主要体现了对乡村碳汇的贡献。

3.5　生态系统服务乡村居民感知调研问卷制定

　　本研究采用问卷调查的方法获取乡村居民生态感知数据。根据村域乡村生态系统服务居民感知评价体系制定初步问卷，并于 2020 年 8 月对山东省菏泽市鄄城县和淄博市沂源县的 5 个乡村进行 2 轮预调研，第一轮发放问卷 56 份，回收 53 份，第二轮发放问卷 67 份，回收 63 份，过程中与村委成员及受访村民进行了深度访谈。

　　根据预调研情况和问卷题目的沟通反馈，对乡村生态系统村民感知评价问卷的提问方式进行了多轮修改，对题目进行口语化转译，进一步完善并制定了正式问卷。问卷分为两个部分，第一部分为受访者及家庭基本特征信息。其中受访者个人特征包括年龄、性别、受教育情况、健康状况、年在村时长，受访者家庭特征包括一起居住的家庭成员数量、家庭年收入、农业/经济林/养殖收入占家庭年收入比重等信息。第二部分为对健康、韧性、低碳有直接影响的生态系统服务居民感知评价，根据前文乡村生态系统服务感知评价体系制定问卷。

　　访谈中还包括其他信息的获取，如：① 所在家庭拥有的生态资源及生态行为，包括家庭拥有耕地或经济林面积、牲畜家禽数量，庭院面积和庭院中种植种类偏好，村中空地种植偏好，用在庭院和村中空地作物上的时间和每年经济投入、种植原因、家庭参与人数、农作物垃圾清理频率、农作时施肥打药量、对生态政策的支持程度等；② 日常休闲时对文化系统服务的偏好，此部分调研了受访者对村中或周边生态空间的喜好，包括健身广场、散步道、休闲空间、历史文化空间等，以及喜欢的原因、去的频率和停留时长等，并对景观偏好进行多选排序。

　　考虑到数据的一致性和可比性，也为了尽量减少主观性和解释性的影响，选项采用李克特量表法。辅助设置少部分多项选择题收集相关数据并对问题答案进行对比验证。将问卷录入问卷星，现场调查人员通过手机登录对乡村居民进行感知问卷数据收集。尽量确保问题的设计和选项的设置不会导致主观倾向或偏见，从而保持调查的客观性和可靠性，问卷问题调整为口语化且易于乡村居民理解的问答方式。

3.6　本章小结

　　基于乡村居民健康、乡村经济社会韧性、乡村低碳健康为导向构建的乡村生态系统服务居民感知评价指标体系，能够适用村域微观尺度下乡村居民的感知测度，可以直观地体现不同地域下村民主体对生态系统服务的综合评价情况，是获取主观评价数据的有效手段。

生态系统服务健康指标，包括生态系统服务中对乡村居民身心健康产生直接影响的指标，本书选择气温舒适度、湿度舒适度、水体质量、空气质量、公园等人工景观满意度作为居民感知评价健康指标。该类型乡村生态系统服务可为居民提供有积极影响的自然、环境、社会关系等多方面服务，对乡村居民的生理健康、心理健康、社会适应健康有直接的益处。

生态系统服务韧性指标，指在乡村居民健康基础上，可影响乡村经济社会韧性的指标。乡村自然生态系统通过提供多种生态系统服务来增强乡村系统韧性，本书选择粮食本地供给度、蔬果本地供给度、饮用水本地供给度、生活用水本地供给度、昆虫数量增多程度、常见野生动物种类、水资源丰沛度等 7 项指标。乡村生态系统服务通过自然过程维持乡村系统的韧性，加强乡村系统应对极端气候事件和经济、社会等外界不确定干扰的能力。生态系统服务与乡村韧性具有非常紧密的联系，持续提供稳定生态系统服务的能力可以是乡村社会、经济、人口韧性的基础。

生态系统服务低碳指标，本书选择建造类木材本地供给度（可判断林地面积）、土壤质量、村中街道绿化满意度 3 项指标。乡村生态系统服务水平直接影响乡村低碳的实现，低碳乡村包括碳排放和碳吸收，即碳排和碳汇。农村地区的生态用地，如农田、水系、林地等用地提供了丰富的自然和人工生态系统服务，可在碳汇方面发挥重要作用，是实现碳中和的重要方式。

第4章　山东乡村地区生态系统服务居民感知评价分析

山东省东部、中部和西部的地形地貌及农作物种类具有一定程度的差异，在三个地区分别选择案例乡村进行乡村生态系统服务居民感知评价研究，以此为基础提出空间优化和提升策略，对山东省内及国内其他地区乡村振兴建设具有重要的借鉴意义。

本章以村域为基本单元，采用问卷法、访谈法和实地调研法，辅助以 GIS 分析法，将上文乡村生态系统服务居民感知评价体系进行应用，探究山东省东、中、西部乡村生态系统服务居民感知评价的分异，深入剖析感知结果之间的相互关系，以期为山东省乡村生态系统服务提升和乡村可持续发展建设提供数据支持和理论参考。

4.1　山东省乡村地区生态系统服务感知数据获取

4.1.1　乡村抽样

根据本章研究目的，山东省村域尺度乡村的地域选取原则包括以下两条：首先，案例乡村自然资源和环境气候条件能代表该地区自然资源特征，社会经济发展应能代表山东省乡村发展的基本特点和大致方向，即同时具有特征性和普适性。其次，选择农业为主型乡村，该类型乡村社会经济发展受生态系统服务影响较大，符合本书的研究目的。

根据这两条原则并结合山东省三个主要地形区乡村发展特点及生态系统服务大致特征，本书首先采用类型抽样法（又称分层抽样法），参考地形分区将山东省分为东部、中部和西部三个组。然后在三种类型的组内按随机抽样方法抽取单位样本，根据各组总人口数，先从各组内随机抽取 1～2 个城市，再从抽取到的城市中随机抽取 1～3 个县（区），再从县（区）中随机抽取案例乡村。最终调研对象包括 5 个城市 7 个县的 50 个乡村：① 山东东部地区共 15 个乡村，其中烟台市选择了 6 个乡村，威海市选择了 9 个乡村。② 山东中部地区共 16 个乡村，分布在淄博市。③ 山东西部地区选择 19 个乡村，包括德州市 7 个乡村，菏泽市 12 个乡村 。

对案例村采用随机抽样方式进行入户问卷调研，每户用时约 40 分钟，共调查 1255 户，收回有效问卷 1176 份，有效率达 93.71%。其中，山东东部地区烟台市福山区 6 个村 174 份、威海市乳山市 9 个村 185 份；山东中部地区淄博市张店区 3 个村 69 份、淄川区 5 个村 93 份、沂源县 8 个村 235 份；山东西部地区德州市夏津县 7 个村 145 份、菏泽市鄄城县 12 个村 275 份（图 4.1，表 4.1）。

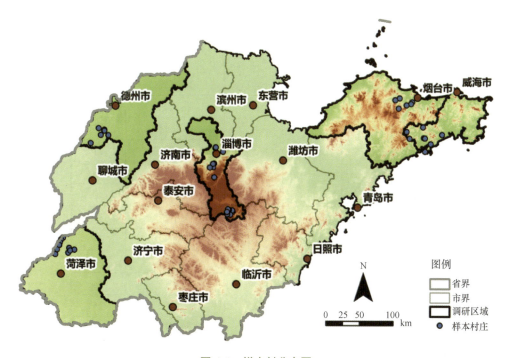

图 4.1　样本村分布图
图片来源：作者自绘。

表 4.1　调研乡村名称及数量

地貌区	市	县（市、区）	乡村数量（个）	村名	调研农户（户）	
山东东部地区	烟台市	福山区	6	西杏山村	40	174
				东陌堂村	33	
				栾家疃村	18	
				旺远王村	55	
				肖家村	13	
				岔夼村	15	
	威海市	乳山市	9	白沙滩村	28	185
				东洋水村	23	
				北江村	11	
				仇家洼村	25	
				铁山村	19	
				杨家庄村	13	
				西黄岛村	23	
				南果子村	20	
				南江村	23	
山东中部地区	淄博市	张店区	3	北石村	21	69
				朱庄村	22	
				彭官村	26	
		淄川区	5	北工村	15	93
				东张村	20	
				十里铺村	21	
				山头村	18	
				石门村	19	
		沂源县	8	盖冶村	33	235
				中庄村	24	
				富家庄村	26	
				杨家庄	36	
				南刘庄村	25	
				青龙官庄村	26	
				社庄村	37	
				耿庄村	28	

地貌区	市	县（市、区）	乡村数量（个）	村名	调研农户（户）	
山东西部地区	德州市	夏津县	7	肖庄村	47	145
				左王村	15	
				东于村	13	
				北范庄村	16	
				任堤村	13	
				双庙村	20	
				马官屯村	21	
	菏泽市	鄄城县	12	安庄村	23	275
				大邢庄村	20	
				红船村	32	
				芦庄村	20	
				大陈楼村	24	
				七街	24	
				代堂村	22	
				土车刘村	28	
				许庄村	23	
				三合村	18	
				武西庄村	21	
				龙庄村	20	
总计	5	7	50	—	1176	1176

表格来源：作者自绘。

4.1.2　数据获取

本研究于 2021 年 11—12 月进行正式调查，并在有关部门收集资源环境与社会经济方面的统计资料。调查过程中采用调查问卷、半结构化访谈等参与式农村评价方法（Participatory Rural Appraisal，PRA）获取研究所需数据。使用手机问卷星小程序进行问卷发放，便于后台数据收集和数据预处理。

4.1.3　数据分析

4.1.3.1　定性问卷量化方法

量化模型方面，采用满意度指数和权重评估的方法，对乡村居民的评价进行量化评价。其中，满意度指数将不同的生态系统服务的满意度和重要性结合起来，将居民对这些服务的感知和评价进行量化。使用权重评估方法，为不同生态系统服务评价指标分配重要性权重，以获取对服务的综合评价。

为便于乡村居民更准确地理解问卷，问题和选项呈现为口语化描述。因此对问卷数据进行统计分析时，将各个选项与四分或五分量表打分相对应并进行计算分析，具体如下。

（1）供给服务

问卷中供给服务有 5 道问题，包括食物、淡水、原材料等 4 项指标。如表4.2 所示。以饮用水来源为例，供给来源越近，表明村域范围内该乡村的生态系统服务水平越高，来源越远则表明服务水平越低。

表 4.2　供给问卷及赋值（四分量表）

乡村自然子系统	问卷问题	选项及赋值（可选 1～2 项）			
		4	3	2	1
食物	粮食来源	自己种植	集市或流动摊贩购买	市里镇里商场商店购买	网上购买
	蔬果来源	自己种植	集市或流动摊贩购买	市里镇里商场商店购买	网上购买
淡水	饮用水来源	井水、地下水、山泉水	近村水库供水	自来水	购买桶装水
	生活用水（洗衣、养牲畜家禽、浇地）来源	井水、地下水、山泉水	地表水（河、湖、水库）	自来水	人工水渠（含雨水）
原材料	建造类木材来源	—	本村种植	周围村种植	购买更远处的

表格来源：作者自绘。

根据问卷选项数量分为五分量表和四分量表。选择 5 分或 4 分代表本村该生态系统服务较强，选 1 分代表本村该生态系统服务指标较弱。

根据问卷问题选项数量，供给服务的 5 项指标为四分量表。如淡水供给中的"饮用水来源"，从近及远为，井水、地下水、山泉水 =4，近村水库供水 =3，自

来水 =2，购买桶装水 =1；生活用水来源从近及远为，井水、地下水 =4，地表水 =3，人工水渠 =2，自来水 =1。选项"井水、地下水、山泉水"说明乡村供给服务较好，"近村水库供水"说明本村及邻村所在的更大范围内供给服务尚可，"自来水"说明县镇范围内存在饮用水供给，"购买桶装水"说明供给服务在本地相对较弱。"生活用水来源"选项和对应赋值含义同上述饮用水来源。

同理，"原材料供给"中的"建造类木材来源"，本村种植 =3，周围村种植 =2，购买更远处 =1。

食物供给中的"粮食来源"和"蔬果来源"，从近及远为，自己种植 =4，集市或流动摊贩购买 =3，市里镇里商场商店购买 =2，网上购买 =1。"自己种植"说明乡村自供给服务较好，"集市或者流动摊贩购买"说明村镇（本村或邻村）范围内供给服务尚可，"市里镇里商场商店购买"说明市镇范围内供给服务尚可，"网上购买"说明供给服务在本地相对较弱。

（2）支持和调节服务

根据问卷问题选项数量，支持和调节服务的 8 项指标为五分量表。该部分问题包括昆虫数量增多程度、常见野生动物种类、水资源丰沛度、水体质量、空气质量、土壤质量等 8 个问题（表 4.3）。

表 4.3　支持和调节服务问卷及赋值（五分量表）

乡村自然子系统	问卷问题	选项及赋值				
		5	4	3	2	1
生物多样性	昆虫数量增多程度	明显变多	变多	和之前差不多	变少	明显变少
	常见野生动物种类	10～15 种	—	6～9 种	—	0～5 种
水体	水资源丰沛度	非常多	比较多	适中	比较少	非常少
养分循环	土壤质量	非常好	较好	中等	不好	非常不好
水体	水体质量	非常好	比较好	适中	比较差	非常差
空气	空气质量	非常好	比较好	适中	比较差	非常差
温度	气温舒适度	非常舒适	比较舒适	适中	比较不舒适	非常不舒适
湿度	湿度舒适度	非常舒适	比较舒适	适中	比较不舒适	非常不舒适

表格来源：作者自绘。

在生物多样性调查中。昆虫数量增多程度越大，则该地乡村居民对于该调节服务指标的可持续情况越满意。如"生物多样性"中的"昆虫数量增多程度"，数量"明显变多"=5，赋值随程度依次递减，"明显变少"=1。"常见野生动物种类"选项分了3个区间，种类10～15种=5，6～9种=3，0～5种=1。

土壤质量非常好=5，质量较好=4，质量中等=3，质量不好=2，质量非常不好=1。

在对水体质量、空气质量、气温和湿度舒适度的调查中，感受非常好=5，比较好=4，适中=3，比较差=2，非常差=1。其中"水量大小"表示水量丰沛程度的评价。

（3）文化服务

文化服务评价收集了休闲和审美价值指标中的景观满意度、绿化满意度等2项评价。通过询问村民产品来源进行数据收集。表4.4所示为问卷问题及选项与赋值。根据问卷选项设定为五分量表。

表4.4　文化服务问卷及赋值（五分量表）

乡村文化子系统	问卷问题	选项及赋值				
		5	4	3	2	1
休闲和审美价值	公园等人工景观满意度	非常满意	满意	中等	不满意	非常不满意
	村中街道绿化满意度	非常满意	满意	中等	不满意	非常不满意

表格来源：作者自绘。

4.1.3.2　问卷数据处理方法

数据处理方法采用描述性分析对乡村居民生态系统服务感知问卷数据进行分析，采用卡方检验对影响居民感知偏好的因素进行分析。

（1）描述性分析

通过描述性分析计算数据的集中性特征和波动性特征，计算得出乡村生态系统服务村民感知评价结果。通过上文中的赋值方式将受访者问卷各项数据分别进行加总平均后得到该乡村生态系统服务感知评价指数，计算公式如下：

$$P_{mj} = \sum_{i=1}^{n} P_{mij} \tag{4-1}$$

式中，P_{mij} 表示 j 区域 i 受访者对 m 类生态系统服务指标的评价赋值，n 表示 j 区域的受访者数量，P_{mj} 表示 j 区域受访者对 m 类生态系统服务评价指数。

（2）卡方检验

本书使用卡方检验分析影响居民偏好的因素，变量包括性别、年龄、教育程度、社交人数等。通过检验结果，分析判断乡村居民个体特征与评价结果的相关性。Cramer's V 系数公式如下：

$$\chi^2 = \sum_{i=1}^{k} \frac{(f_i - nP_i)^2}{nP_i} \tag{4-2}$$

式中，P_i 表示 χ 的值落入第 i 个小区间的概率，k 表示总体 χ 的取值范围数，n 表示样本数。f_i 表示落入第 i 个小区间的样本值的个数。

此研究结果中，Cramer's V 系数是提供分类变量相关强度的指数。Cramer's V 系数的取值范围为 0～1，数值越大相关性越强，当低于 0.1 时，代表两要素之间相关度较弱；数值在 0.1～0.3，代表相关度中等；数值在 0.3～0.5，则代表两者之间存在着较强相关性，数值在 0.5 以上，代表两者之间相关性极强。

4.2　山东省乡村生态系统服务居民感知评价结果

4.2.1　样本基本描述

4.2.1.1　受访者个人和家庭基本情况

1176 位有效问卷的受访者个人及其家庭基本特征如表 4.5 所示。

（1）受访者情况

① 性别。问卷为无差别发放，受访者中男性略多于女性，男性与女性受访者的比例是 3∶2，所占比例分别为 59.52% 和 40.48%。

② 年龄。受访者平均年龄为 46.8 岁，其中 29 岁及以下的人数占比最低，为 9.32%；受访者年龄分布以中老年为主，符合当前乡村人口年龄分布现实特征。

③ 受教育程度。42.31% 的受访者受教育程度在初中及以下，28.76% 受过高中教育，整体文化水平不高。

④ 健康状况。绝大部分受访者身体状况较好。

⑤ 在村居住时长。88.92% 的受访者为常住居民（每年在村时间多于 8 个月），调研数据可更好地获取乡村生态空间的长期使用和偏好情况。

⑥ 在村社交人数。1/3 的受访者在本村的社交人数在 10 人以上，约一半的受访者社交范围在 1～10 人，有 16.73% 的受访者表示除了家人之外没有其他社交。

（2）受访者家庭基本特征

从家庭收入来看，60.79% 的受访者家庭年收入低于 3 万元人民币，约 1/3 的家庭在 1 万元以下；共同居住的家庭成员数量，近六成的受访者家庭有 3～6 人，约三成的家庭是 1～2 人，极少数受访者是独居；农林牧副渔收入占家庭收入比重，一半受访者家庭比重在 20% 及以下，可看出绝大部分家庭的收入不依赖第一产业；从家中从事农林牧副渔的人数来看，1/3 的家庭无人从事第一产业，1/2 的家庭中有 1～2 人从事第一产业；每个家庭中最多只有 1～2 人为农民，甚至 37.61% 的家庭没有农民，更多的人要靠打工来增加收入。受访者家庭基本特征如表 4.5 所示。

表 4.5　受访者个人及家庭基本特征

指标	指标解释	比例 /（%）	指标	指标解释	比例 /（%）
受访者性别	男	59.52	受访者受教育水平	小学及以下	14.9
	女	40.48		初中	42.31
受访者年龄	29 岁及以下	9.32		高中	28.76
	30～39 岁	20.08		本科	13.47
	40～49 岁	27.07		硕士及以上	0.56
	50 岁及以上	43.53	2021 年受访者在村居住时长	一直在村居住	77.29
受访者健康状况	健康	80.24		9～12 个月	7.17
	基本健康	16.97		5～8 个月	3.9
	生活不能自理	2.79		0～4 个月	11.64
家庭年收入	5000 元及以下	15.14	农林牧副渔业收入占家庭年收入比重	20% 及以下	50.68
	5001～10 000 元	19.36		21%～40%	14.74
	10 001～30 000 元	26.29		41%～60%	9.96
	30 001～50 000 元	19.20		61%～80%	10.76
				80% 以上	13.86

指标	指标解释	比例 /（%）	指标	指标解释	比例 /（%）
	50 001～100 000 元	13.15		0 人	37.61
	10 万元以上	6.86	家中从事农林牧副渔的人数	1～2 人	56.1
家中是否有村干部	是	20.64		3～4 人	6.06
	否	79.36		5 人及以上	0.24
	独居	2.95		0 人	16.73
共同居住的家庭成员数量	1～2 人	35.62	受访者在本村的社会交往人数	1～4 人	30.20
	3～6 人	58.72		5～9 人	22.79
	7 人及以上	2.71		10 人及以上	30.28

表格来源：作者自绘。

4.2.1.2 受访者家庭拥有资源要素概况

本研究对受访者家庭拥有的资源要素禀赋进行了统计描述，如表 4.6 所示。在调查样本中，多数农户拥有的承包耕地面积在 3 亩以内，也有 1/5 的农户拥有的耕地面积为 4～6 亩，拥有面积大于 7 亩的农户较少；从耕地土壤质量来说，多数受访者（58.09%）认为土壤质量一般，约 1/3 受访者认为质量非常好和比较好，整体评价较好，说明农业有较好的立地条件；饲养牲畜和家禽数量方面，绝大多数受访者家庭不养牲畜或家禽，另有 10%～20% 的农户养殖数量在 1～5 只；庭院面积，绝大多数（84.54%）的村民家庭宅院在 0～5 分之间，少数村民（多在平原地区）的宅院面积在 6 分～2 亩；总体来说，山东省乡村内及附近的自然资源，以农田、果园、苗圃、水体（河流、湖、坑塘）和山体最为常见，表明自然资源条件较为充足；交通条件上，绝大多数乡村到最近的公路距离在 5 千米以内，表明多数乡村具备便利的交通条件；过半的乡村周围有车程 20 分钟以内的公园和景区；一半的乡村没有任何文化资源，1/4 的乡村有寺庙、土地庙或山神庙，1/5 的乡村中有古树。从调研样本资源禀赋来看，基本符合山东省内乡村的现实情况。

表 4.6 样本农户家庭及所在乡村自然资源禀赋

指标	指标解释	比例 /（%）	指标	指标解释	比例 /（%）
拥有承包耕地面积	1～3 亩	63.43	家庭饲养家禽数量	0	74.1
	4～6 亩	21.12		1～5 只	18.25
	7～10 亩	8.69		6～10 只	5.02
	大于 10 亩	6.76		11～20 只	1.51
耕地土壤平均质量	非常好	8.84		大于 20 只	1.12
	比较好	23.82	庭院面积	0～5 分地	84.55
	一般	58.09		6 分地～1 亩	14.18
	比较差	6.14		1～2 亩	1.27
	非常差	3.11	本村距离最近的省道、国道或高速路的距离	1～5 千米	72.99
家庭饲养牲畜数量	0	85.18		6～10 千米	17.69
	1～5 只	11.63		大于 10 千米	9.32
	6～10 只	1.83	村子周围是否有开车 20 分钟的公园或景区	有	62.31
	11～20 只	0.48		没有	37.69
	大于 20 只	0.88	村中有哪些文化资源（多选）	寺庙 / 土地庙 / 山神庙	27.25
村中及附近有哪些自然资源（多选）	河流 / 湖 / 坑塘	58.8		古代碑刻 / 石碑 / 文化碑	9.48
	山	40.96		古树	19.28
	森林 / 树林	39.48		古井	4.54
	草地	21.04		历史名人	6.53
	农田 / 果园 / 苗圃	69.88		古建筑 / 古遗址	9.64
				以上都没有	52.03

表格来源：作者自绘。

4.2.2 山东省乡村生态系统服务居民感知评价总体结果

为了方便受访者进行回答及提高调查问卷的准确性，问卷中的"粮食来源""蔬果来源""饮水水源"和"生活用水水源"这 4 道题是 1～4 量表打分，建造类木材是 1～3 量表打分。将这 5 道题的平均值进行归一化处理，再统一进行描述性分析，最终山东省整体的分析数据如表 4.7，有效样本量共计 1176 份，数据中没有异常值。

数据分析结果表明：① 山东省案例乡村的居民对生态系统服务感知度整体较高，15 项感知指标中，有 10 项的整体平均值大于 3.000，有 1 项平均值接近 3.000；② 平均值最高且较为接近的指标有 7 个，依序是粮食供给度（3.938）、空气质量（3.834）、蔬果供给度（3.804）、公园等人工景观满意度（3.691）、村中街道绿化满意度（3.649）、气温舒适度（3.615）和湿度舒适度（3.599），分布在供给、调节和文化服务这三类服务中；③ 感知度最低的 4 项指标依序是常见野生动物种类（2.718）、水资源丰沛度（2.756）、建造类木材本地供给度（2.585）、饮用水本地供给度（2.695）和昆虫数量增多程度（2.929）；④ 标准差的值均在合理范围内，昆虫数量增多程度、常见野生动物种类、公园等人工景观满意度和村中街道绿化满意度这 4 项指标的标准差大于 1.000，说明村民的感知存在多元差异。根据指标体系计算得出加权得分（百分制），山东省乡村地区生态系统服务居民感知总分数为 64.355，其中对居民健康有直接影响的服务得分为 27.250，乡村经济社会韧性得分为 25.720，乡村低碳得分为 11.385。

表 4.7　山东省乡村生态系统服务居民感知评价均值

乡村生态系统服务			最小值	最大值	平均值	平均值归5	标准差	中位数	加权得分
居民健康	温度	气温舒适度	1.000	5.000	3.615	—	0.860	3.000	27.250
	湿度	湿度舒适度	1.000	5.000	3.599	—	0.837	3.000	
	水体	水体质量	1.000	5.000	3.260	—	0.989	3.000	
	空气	空气质量	1.000	5.000	3.834	—	0.900	4.000	
	休闲健身	公园等人工景观满意度	1.000	5.000	3.691	—	1.226	4.000	
经济社会韧性	食物	粮食本地供给度	1.000	4.000	3.150	3.938	0.789	3.000	27.462
		蔬果本地供给度	1.000	4.000	3.043	3.804	0.714	3.000	
	淡水	饮用水本地供给度	1.000	4.000	2.156	2.695	0.697	2.000	
		生活用水本地供给度	1.000	4.000	2.590	3.238	0.763	2.500	

乡村生态系统服务		最小值	最大值	平均值	平均值归5	标准差	中位数	加权得分
生物多样性	昆虫数量增多程度	1.000	5.000	2.929	—	1.283	3.000	
	常见野生动物种类	1.000	5.000	2.718	—	1.120	1.000	
水体	水资源丰沛度	1.000	4.000	2.756	—	0.697	2.000	
低碳	建筑原材料	建造类木材本地借给度	1.000	3.000	1.551	2.585	0.731	1.000
	土壤	土壤质量	1.000	5.000	3.293	—	0.832	3.000	11.385
	绿化	村中街道绿化满意度	1.000	5.000	3.649	—	1.321	4.000	
总得分		—	—	—	—	—	—	66.097

表格来源：作者自绘。

注：最小值表示受访者数据中选项的最小值，最大值表示受访者数据中选项的最大值。有5项指标，如粮食本地供给度、蔬果本地供给度、饮用水本地供给度、生活用水本地供给度是1～4量表打分，建造类木材本地供给度是1～3量表打分，为统一比较，已将这5项的平均值进行归一化处理。

探析前7项生态系统服务评价较高的原因。其中，较高的2项供给指标（粮食本地供给度和蔬果本地供给度）评价结果与山东省较强的农产品发展水平相一致。山东省是国内重要的粮食蔬果生产地，多种农产品的供应范围可至全国或出口国外。乡村居民可以自给自足或者从本地集市购买来满足日常生活需要，较少通过网络或者城市中的商场购买外地运来的经济作物。较高的3项调节服务指标（空气质量、气温舒适度和湿度舒适度）与山东省位于暖温带季风气候区有关，全省范围内夏热冬冷，但整体气候舒适，平均温度和湿度适中，较少出现极端气候，因此整体生态环境子系统的可持续性比较稳定。2项文化服务指标（公园等人工景观满意度和村中街道绿化满意度）的较高评价说明村民对文化生态子系统服务非常关注且比较满意。但多项指标的标准差大于1.000，说明乡村居民对生态系统服务评价的感知差异较大，存在多元化偏好，可进一步探讨影响评价的因素。

生态系统服务感知评价最低的 6 项指标依序是建造类木材本地供给度（2.585）、饮用水本地供给度（2.695）、常见野生动物种类（2.718）、水资源丰沛度（2.756）和昆虫数量增多程度（2.929）。野生动物种类感知度较低的原因与山东省的人口密度大、城镇化率较高有关，自然山林等自然环境相对占比较少有关。但昆虫数量增多程度（2.929）比野生动物种类（2.718）略高，说明生态环境政策起到了一定作用，相比野生动物来说，生物链低端最为敏感的昆虫最先有了数量上的变化[337]。饮用水本地供给度（2.695）和水资源丰沛度（2.756）低的原因或许与山东省淡水资源紧缺的现实情况有关。山东省水资源先天禀赋不足，水资源总量约为 375.3 亿立方米，人均水资源占有量不足全国的 1/6，人均占有量小于 500 立方米，属于严重缺水地区。相比饮用水本地供给度（2.695）来说，生活用水本地供给度评价更高（3.238）。访谈时得知水井、水库及地下水可以提供较多的生活和农业耕种的水源，南水北调工程的调水能力和水库等设施的储水能力较好，可提供较充分的生活用水。水体质量评价（3.260）较好，与近几年的水体净化生态工程和化工企业排污管理制度有关。

整体来说，山东省三大地形区乡村生态系统服务的原位服务较好，即可较好地满足本地居民的自然资源需求，其中供给服务同时也具备辐射其他省市的非原位流动性生态系统服务能力。

4.2.3　山东省东、中、西三个地区乡村感知评价结果对比

将数据按照所处区位分类，可进一步分析对比东、中、西部的评价数据，获取三个区域乡村生态系统服务感知评价空间差异。

4.2.3.1　东部地区乡村生态系统服务村民感知评价结果分析

（1）东部地区乡村生态系统服务村民感知评价结果

东部地区乡村生态系统服务居民感知评价有效样本量共计 128 份，案例乡村分布在威海市和烟台市（图 4.2），数据分析结果见表 4.8。数据分析结果表明：① 该地区的感知测度整体较高；② 15 项指标中，生活用水供给感知度高达 4.148，有 11 项指标在 3.000～4.000，只有 3 项的平均值（归 5 后）小于 3.000；③ 有 8 项指标的标准差大于 1.000，说明村民的感知存在多元差异；④ 据指标体系计算得出加权得分（百分制），山东省东部地区乡村生态系统服务居民感知总

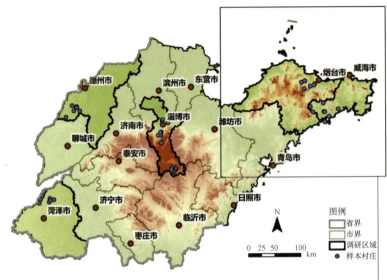

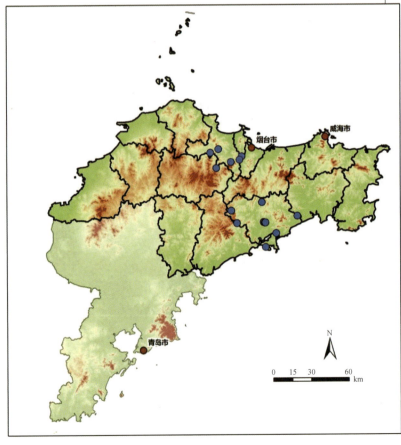

图 4.2　东部地区案例乡村分布图

图片来源：作者自绘。

分数为 65.724，其中对居民健康有直接影响的服务得分为 27.359，乡村经济社会韧性得分为 27.569，乡村低碳得分为 10.796。

表 4.8　山东东部地区乡村生态系统服务居民评价均值

乡村生态系统服务感知			最小值	最大值	平均值	平均值归 5	标准差	中位数	加权得分
乡村健康	温度	气温舒适度	1.000	5.000	3.656	—	0.891	3.000	27.359
	湿度	湿度舒适度	1.000	5.000	3.648	—	0.893	3.000	
	水体	水体质量	1.000	5.000	3.242	—	1.056	3.000	
	空气	空气质量	1.000	5.000	3.773	—	0.957	4.000	
	休闲健身	公园等人工景观满意度	1.000	5.000	3.750	—	1.157	4.000	
乡村韧性	食物	粮食本地供给度	1.500	4.000	2.711	3.389	0.733	3.000	27.569
		蔬果本地供给度	1.000	4.000	2.992	3.740	0.707	3.000	
	淡水	饮用水本地供给度	1.000	4.000	2.443	3.054	1.274	2.333	
		生活用水本地供给度	1.000	4.000	3.318	4.148	1.189	3.000	
	生物多样性	昆虫数量增多程度	1.000	5.000	3.047	—	1.309	3.000	
		常见野生动物种类		5.000	1.672	—	1.102	1.000	
	水体	水资源丰沛度	1.000	5.000	2.906	—	1.068	3.000	
乡村低碳	建筑原材料	建造类木材本地供给度	1.000	3.000	1.330	2.217	0.572	1.000	10.796
	土壤	土壤质量	1.000	5.000	3.234	—	0.935	3.000	
	绿化	村中街道绿化满意度	1.000	5.000	3.606	—	1.392	4.000	
总得分			—	—	—	—	—	—	65.724

表格来源：作者自绘。

注：最小值表示受访者数据中选项的最小值，最大值表示受访者数据中选项的最大值。供给服务的 5 项指标中，粮食本地供给度、蔬果本地供给度、饮用水本地供给度、生活用水本地供给是 1～4 量表打分，建造类木材本地供给度是 1～3 量表打分，为统一比较，已将这 5 项的平均值进行归一化处理。

15 项指标中，东部地区的生活用水来源感知度（4.148）显著最高，且高于山东省整体平均值（3.238）及山地地区（3.243）和平原地区（3.133）该项指标的分值，与东部地区的降雨量高、气候湿润有关。这里紧邻渤海和黄海，受海洋性气候影响相比其他地区更为显著。12 项指标在 3.000～4.000，说明东部地区生态系统多项服务较好，其中"昆虫数量增多程度"（3.047）略高于平均值，表明该地区生态环境整体更优。低于 3.000 的三项指标依次为"常见野生动物种类"（1.672）、"建造类木材本地供给度"（2.217）、"水资源丰沛度"（2.906），与省内整体情况相符。

（2）东部地区生态系统服务健康感知评价

山东东部地区生态系统服务健康感知评价为 27.359 分，其中气温舒适度（3.656）、湿度舒适度（3.648）、水体质量（3.242）、空气质量（3.773）、公园等人工景观满意度（3.750）感知得分均高于中位数 3.0，可见，对生态系统服务中对居民健康有影响的几项指标的评价较高。其中三项的标准差小于 1，感知差异较小。水体质量和公园等人工景观满意度标准差大于 1，说明受访者存在感知差异。

（3）东部地区生态系统服务韧性感知评价

东部地区生态系统服务韧性感知评价的 7 项指标中，粮食本地供给度（3.389）、蔬果本地供给度（3.740）和生活用水本地供给度（4.148）、饮用水本地供给度（3.054）、昆虫数量增多程度（3.047）超过中位数 3.0，水量丰沛度（2.906）略低于中位数，常见野生动物种类（1.672）明显低于其他感知指标。可见乡村居民对调节服务的感知度和满意度整体较高，但动物多样性感知情况较差。标准差有 5 项大于 1，说明村民感知度存在差异，其中对"昆虫数量增多程度"和"饮用水本地供给度"的感知差异最大。对"生活用水本地供给度"和"水量丰沛度"的感知差异也较大。

（4）东部地区生态系统服务低碳感知评价

3 项中有 2 项低碳服务指标的得分较高，为土壤质量（3.234）和村中街道绿化满意度（3.606）。说明东部地区的土壤肥力和耕后恢复力较好，与较高的粮食本地供给度（3.389）和蔬果本地供给度（3.740）指标相一致。有 1 项低于中位数，为建造类木材本地供给度（2.217），与山东省林地面积较低的现实情况相符。

4.2.3.2　中部地区乡村生态系统服务村民感知评价结果分析

（1）中部地区乡村生态系统服务村民评价结果

中部地区案例地乡村可持续发展居民评价有效样本量共计 106 份，案例乡村分布在淄博市（图 4.3），数据分析见表 4.9。数据分析结果表明：① 该地区的感

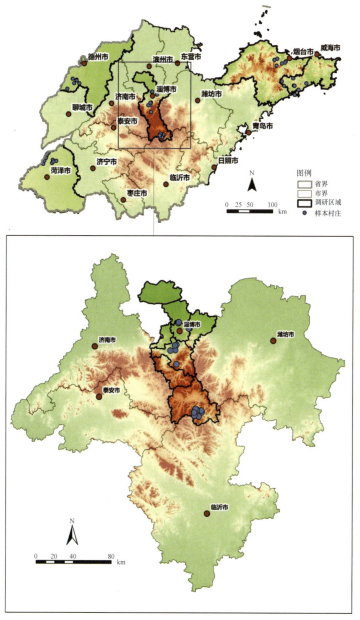

图 4.3　中部地区案例乡村分布图

图片来源：作者自绘。

知测度整体较高；② 15 项指标中，粮食本地供给度（4.145）、蔬果本地供给度（4.258）、空气质量（4.170）和气温舒适度（4.085）这 4 项指标的感知度较高，都大于 4.000，有 8 项指标在 3.000～4.000，只有 3 项的平均值（归 5 后）小于 3.000；③ 只有 3 项指标的标准差大于 1.000，说明村民的感知大多一致，只有这 3 项存在多元差异。④ 据指标体系计算得出加权得分（百分制），山东省中部地区乡村生态系统服务居民感知总分数为 69.149，其中对居民健康有直接影响的服务得分为 28.750，乡村经济社会韧性得分为 27.885，乡村低碳得分为 12.514。

表 4.9　山东中部地区乡村生态系统服务居民感知评价均值

乡村生态系统服务感知			最小值	最大值	平均值	平均值归 5	标准差	中位数	加权得分
乡村健康	温度	气温舒适度	3.000	5.000	4.085	—	0.500	4.000	28.750
	湿度	湿度舒适度	3.000	5.000	3.981	—	0.552	4.000	
	水体	水体质量	1.000	5.000	3.453	—	0.987	4.000	
	空气	空气质量	3.000	5.000	4.170	—	0.525	4.000	
	休闲健身	公园等人工景观满意度	1.000	5.000	3.283	—	1.144	3.000	
乡村韧性	食物	粮食本地供给度	2.000	4.000	3.316	4.145	0.422	3.500	27.885
		蔬果本地供给度	2.000	4.000	3.406	4.258	0.484	3.500	
	淡水	饮用水本地供给度	1.500	4.000	2.250	2.813	0.531	2.000	
		生活用水本地供给度	1.500	4.000	2.594	3.243	0.570	3.000	
	生物多样性	昆虫数量增多程度	1.000	5.000	2.877	—	0.847	3.000	
		常见野生动物种类		5.000	1.528		1.044	1.000	
	水体	水资源丰沛度	1.000	5.000	3.368	—	0.622	3.000	

续表

乡村生态系统服务感知		最小值	最大值	平均值	平均值归5	标准差	中位数	加权得分
乡村低碳	建筑原材料　建造类木材本地供给度	1.000	3.000	2.162	3.603	0.620	2.000	12.514
	土壤　土壤质量	2.000	5.000	3.377	—	0.593	3.000	
	绿化　村中街道绿化满意度	1.000	5.000	3.311	—	1.230	3.000	
总得分		—	—	—	—	—	—	69.149

表格来源：作者自绘。

注：最小值表示受访者数据中选项的最小值，最大值表示受访者数据中选项的最大值。有 5 项指标，如粮食本地供给度、蔬果本地供给度、饮用水本地供给度、生活用水本地供给度是 1～4 量表打分，建造类木材本地供给度是 1～3 量表打分，为统一比较，已将这 5 项的平均值进行归一化处理。

15 项指标中，山东省中部地区蔬果供给（4.258）、空气质量（4.170）、粮食本地供给度（4.145）和气温舒适度（4.085）显著较高，且高于山东省整体平均值及其他地区相同指标的分值，与该地形区受山地海拔和山脉地形影响所形成的多样微气候有关。8 项指标在 3.000～4.000，说明中部地区乡村生态系统服务多项指标的可持续性较好，生态环境整体较优。低于 3.000 的 3 项指标为"常见野生动物种类"（1.528）、"昆虫数量增多程度"（2.877）、"饮用水本地供给度"（2.813），与省内整体情况相符。

（2）中部地区生态系统服务健康感知评价

山东中部地区生态系统服务健康感知评价为 28.750 分，其中气温舒适度（4.085）、湿度舒适度（3.981）、水体质量（3.435）、空气质量（4.170）、公园等人工景观满意度（3.283）感知得分均高于中位数 3.0，可见，对生态系统服务中对居民健康有影响的几项指标的评价较高。其中 4 项的标准差小于 1，感知差异较小。公园等人工景观满意度标准差大于 1，说明受访者存在感知差异。

（3）中部地区生态系统服务韧性感知评价

中部地区生态系统服务韧性感知评价的 7 项指标中，粮食本地供给度（4.145）、蔬果本地供给度（4.258）、生活用水本地供给度（3.243）、水资源丰沛度（3.368）超过中位数，昆虫数量增多程度（2.877）略低于中位数 3.0，常见野生动物种类（1.528）明显低于其他感知指标。饮用水本地供给度（2.813）低于 3.0，与山地地区坡度大、储水困难有关。乡村居民对韧性相关指标的感知度和满意度整体较高。标准差有 1 项大于 1，说明村民感知度存在差异，其中对"常见野生动物种类"的感知差异最大。

（4）中部地区生态系统服务低碳感知评价

3 项感知指标的得分较高，为建造类木材本地供给度（3.603）、土壤质量（3.377）和村中街道绿化满意度（3.311）。说明中部地区的土壤肥力和耕后恢复力较好，且山地地区森林状况较好，和中部山地地区较高的粮食本地供给度（4.415）、蔬果本地供给度（4.258）指标相一致。

4.2.3.3　西部地区乡村生态系统服务村民感知评价结果分析

山东省西部地区案例乡村可持续发展居民评价有效样本量共计 157 份，案例乡村分布在德州市和菏泽市（图 4.4），分析结果见表 4.10。数据分析结果表明：① 该地区的感知测度整体较高；② 15 项指标中，粮食本地供给度高达 4.348，有 10 项指标在 3.000～4.000，有 4 项的平均值（归 5 后）小于 3.000；③ 有 4 项指标的标准差大于 1.000，说明多数指标的村民感知较为一致，只有 4 项存在一定多元差异；④ 据指标体系计算得出加权得分（百分制），山东省西部地区乡村生态系统服务居民感知总分数为 63.130，其中对居民健康有直接影响的服务得分为 24.866，乡村经济社会韧性得分为 27.176，乡村低碳得分为 11.098。

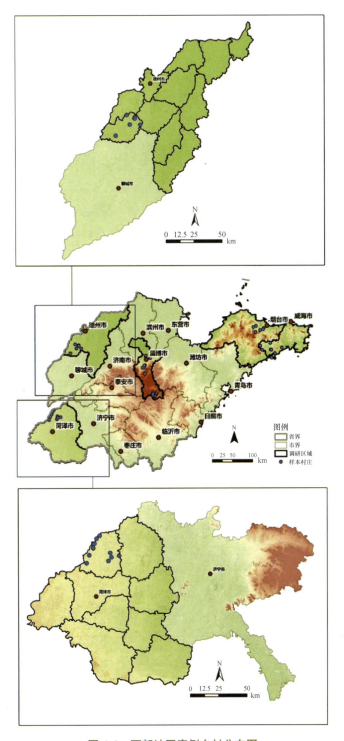

图 4.4　西部地区案例乡村分布图

图片来源：作者自绘。

表4.10　山东西部地区乡村生态系统服务居民感知评价均值

乡村生态系统服务感知			最小值	最大值	平均值	平均值归5	标准差	中位数	加权得分
乡村健康	温度	气温舒适度	1.000	5.000	3.248	—	0.713	3.000	24.866
	湿度	湿度舒适度	1.000	5.000	3.204	—	0.696	3.000	
	水体	水体质量	1.000	5.000	2.955	—	0.929	3.000	
	空气	空气质量	1.000	5.000	3.446	—	0.873	3.000	
	休闲健身	公园等人工景观满意度	1.000	5.000	3.580	—	1.292	4.000	
乡村韧性	食物	粮食本地供给度	2.000	4.000	3.478	4.348	0.760	4.000	27.176
		蔬果本地供给度	1.000	4.000	2.987	3.734	0.693	3.000	
	淡水	饮用水本地供给度	1.000	4.000	2.041	2.551	0.453	2.000	
		生活用水本地供给度	1.500	4.000	2.506	3.133	0.725	2.000	
	生物多样性	昆虫数量增多程度	1.000	5.000	3.025	—	1.271	3.000	
		常见野生动物种类	1.000	5.000	3.025	—	1.271	3.000	
	水体	水资源丰沛度	1.000	4.000	2.041	—	0.453	2.000	
乡村低碳	建筑原材料	建造类木材本地供给度	1.000	3.000	1.549	2.582	0.671	1.000	11.098
	土壤	土壤质量	1.000	5.000	3.229	—	0.649	3.000	
	绿化	村中街道绿化满意度	1.000	5.000	3.416	—	1.485	4.000	
总得分			—	—	—	—	—	—	63.130

表格来源：作者自绘。

注：最小值表示受访者数据中选项的最小值，最大值表示受访者数据中选项的最大值。有5项指标，如粮食本地供给度、蔬果本地供给度、饮用水本地供给度、生活用水本地供给度是1～4量表打分，建造类木材本地供给度是1～3量表打分，为统一比较，已将这5项的平均值进行归一化处理。

（1）西部地区生态系统服务健康感知评价

山东西部地区生态系统服务健康感知评价为 24.866 分，其中气温舒适度（3.248）、湿度舒适度（3.204）、空气质量（3.446）、公园等人工景观满意度（3.580）感知得分均高于中位数 3.0，水体质量（2.955）略微低于 3.0。可见，对生态系统服务中对居民健康有影响的几项指标的评价较高。其中 4 项的标准差小于 1，感知差异较小。公园等人工景观满意度标准差大于 1，说明受访者存在感知差异。

（2）西部地区生态系统服务韧性感知评价

西部地区生态系统服务韧性感知评价的 7 项指标中，粮食本地供给度（4.348）、蔬果本地供给度（3.734）、生活用水本地供给度（3.133）、昆虫数量增多程度（3.025）、常见野生动物种类（3.025）感知超过中位数。饮用水本地供给度（2.551）和水资源丰沛度（2.041）低于中位数 3.0，明显低于其他感知指标，且低于省内平均值和其他两个地区。昆虫数量增多程度和野生动物种类高于省内平均值和其他两个地区。乡村居民对韧性相关指标的感知度和满意度整体较高。根据标准差判断，村民对多数指标的感知度较一致，只有昆虫数量增多程度和野生动物种类感知的标准差大于 1，存在一定差异。

（3）西部地区生态系统服务低碳感知评价

低碳服务指标中有 2 项的得分较高，为土壤质量（3.229））和村中街道绿化满意度（3.416）。说明中部地区的土壤肥力和耕后恢复力较好，与粮食本地供给度（4.348）、蔬果本地供给度（3.734）指标相一致。有 1 项低于中位数，为建造类木材本地供给度（2.582），与山东省林地面积较低的现实情况相符。

4.2.3.4　三个地区村民感知评价对比分析

不同的地形造就了不同的资源禀赋条件和生态系统服务特征，因地形和纬度形成的微气候变化影响，多项服务指标存在差异，从而进一步导致不同的乡村居民感知结果。数据分析结果显示，三个地区多数指标的感知度存在一定差异，尤其是中部山地地区和西部平原地区的感知结果差异显著。其中，供给服务受地形影响最大，调节服务中生物多样性感知受地形影响显著，文化服务满意度在三大地区的满意度都较好，但场所偏好选择受地形影响同样较大。

（1）三个地区乡村生态系统服务健康感知评价对比分析

由表 4.11、图 4.5、图 4.6 可见，健康评价感知度在三个地区的趋势高低分布较为一致，5 项指标在三个地形区均较为接近。说明在地理位置接近且气候区相同的区域内，宏观尺度下的调节和支持服务受地形影响不显著。气温舒适度、湿度舒适度、空气质量的感知度相对较高，水体质量感知度略低。整体来说中部丘陵地区相对最高，西部平原地区相对最低。

表 4.11   三个地区乡村生态系统服务健康评价结果对比

生态系统服务居民健康	东部地区		中部地区		西部地区		全省得分
	均值	加权得分	均值	加权得分	均值	加权得分	
气温舒适度	3.656		4.085		3.248		
湿度舒适度	3.648		3.981		3.204		
水体质量	3.242	27.359	3.453	28.750	2.955	24.866	27.250
空气质量	3.773		4.170		3.446		
公园等人工景观满意度	3.750		3.283		3.580		

* 备注：均值的中位数是 3.0。表格来源：作者自绘。

图 4.5 三个地区乡村生态系统服务健康感知评价对比

图片来源：作者自绘。

三个地区感知度最高的前三个协调服务指标一致，分别为空气质量感知度（东部 =3.773，中部 =4.170，西部 =3.446）、气温舒适度（东部 =3.656，中

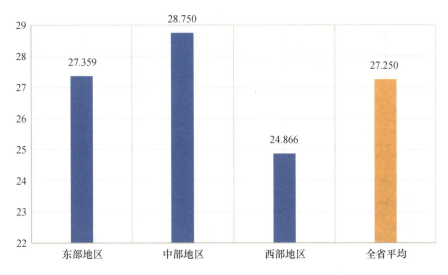

图 4.6　三个地区乡村生态系统服务健康感知加权得分对比

图片来源：作者自绘。

部 =4.085，西部 =3.248）和湿度舒适度（东部 =3.648，中部 =3.981，西部 =3.204）。公园等人工景观满意度在三个地形区都较高且差别不显著。健康评价结果整体来说受地形影响不显著，但标准差几乎都大于 1，说明村民的偏好和看法存在较大区别。

（2）三个地区乡村生态系统服务韧性感知评价对比分析

由表 4.12、图 4.7、图 4.8 可见，食物供给感知度（包括粮食和蔬果）相比其他供给服务指标感知度来说，在三个地区都是最强的，均超过中位数 3.0。但平原地区的粮食本地供给度（4.348）显著高于丘陵地区（3.389），与山地地区（4.145）接近。平原地区广阔而平坦的地形适于耕种。山地地区虽然不适合大面积耕种，但散布的山间平地种植了较大面积的小麦和玉米。丘陵地区的蔬果本地供给度高于其他地区，与烟台威海地区大量种植果木和蔬菜的现状相符，与丘陵地区较缓的坡度、土壤和光照条件有关。以上可看出地形对农作物的种植虽有影响，但土壤土质类型和土层厚度的影响也较大。

表 4.12　三个地区乡村生态系统服务韧性评价结果对比

生态系统服务乡村韧性	东部地区		中部地区		西部地区		全省得分
	均值	加权得分	均值	加权得分	均值	加权得分	
粮食本地供给度	3.389		4.145		4.348		
蔬果本地供给度	3.740		4.258		3.734		
饮用水本地供给度	3.054		2.813		2.551		
生活用水本地供给度	4.148	27.569	3.243	27.885	3.133	27.176	27.462
昆虫数量增多程度	3.047		2.877		3.025		
常见野生动物种类	1.672		1.528		3.025		
水资源丰沛度	2.906		3.368		2.041		

＊备注：均值的中位数是 3.0。
表格来源：作者自绘。

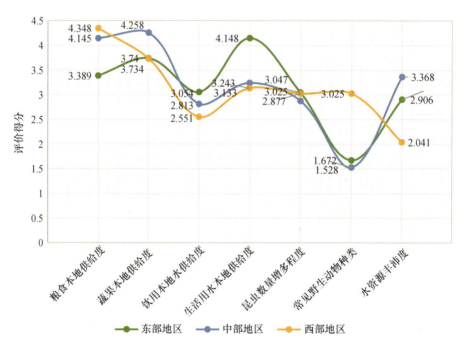

图 4.7 三个地区乡村生态系统服务韧性感知评价对比
图片来源：作者自绘。

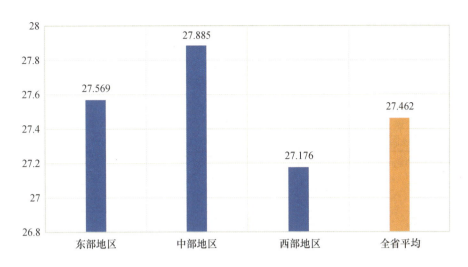

图 4.8　三个地区乡村生态系统服务韧性感知加权得分对比

图片来源：作者自绘。

　　"常见野生动物种类"感知度排在最低位，尤其是东部和中部地区最低。"饮用水本地供给度"也相对相低。"昆虫数量增多程度"在三个地形区接近，都在 3.0 左右。"常见野生动物种类"感知度存在较大差异，丘陵和山地地区明显低于平原地区。而昆虫数量增加程度感知高于常见野生动物种类感知度，说明生态环境好转，位于动物链最低端的昆虫相比动物先有了变化和反应。三个地区昆虫数量增多程度和野生动物种类感知的标准差都大于 1，说明人们对这两项指标的感知存在较大差异，与人们的出行偏好、日常出行时间长度、对自然界的关注度有关。饮用水本地供给感知度在山东省整体较低，与山东省属于水资源缺乏省份的现实情况一致。饮用水本地供给在三个地区差别较小，且三个地形区的饮用水本地度都低于生活用水本地供给度。与山地地区村民访谈时了解到，受地形影响，如何储水是村民难以解决的问题。

　　（3）三个地区乡村生态系统服务低碳感知评价对比分析

　　由表 4.13 和图 4.9、图 4.10 可见，乡村文化子系统评价结果在三个地形区都较高且差别不显著。整体来说受地形影响不显著，但标准差几乎都大于 1，说明村民的偏好和看法存在较大区别。建造类木材本地供给感知度都比较低，都低于中位数 3.0，与山东省森林覆盖率只有 18.2% 有关，其中山地地区最高。调研时观察发现，中部地区山地较多，村民林木资源多于其他地形区。

表 4.13　三个地区乡村生态系统服务低碳评价结果对比

生态系统服务乡村低碳	东部地区		中部地区		西部地区		全省得分
	均值	加权得分	均值	加权得分	均值	加权得分	
建造类木材本地供给度	2.217		3.603		2.582		
土壤质量	3.234	10.796	3.377	12.514	3.229	11.098	11.385
村中街道绿化满意度	3.606		3.311		3.416		

* 备注：均值的中位数是 3.0。

表格来源：作者自绘。

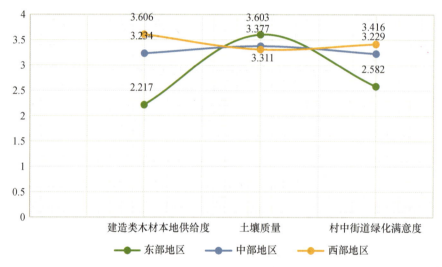

图 4.9　三个地区乡村生态系统服务低碳感知评价对比

图片来源：作者自绘。

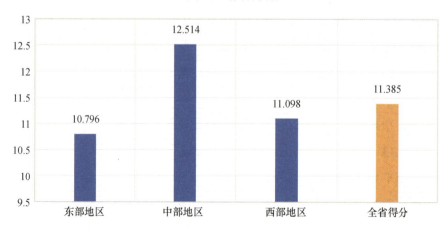

图 4.10　三个地区乡村生态系统服务低碳感知加权得分对比

图片来源：作者自绘。

（4）乡村居民偏好分析

为了进一步了解区别所在，问卷中设置了生态景观场所的偏好选择题供受访者选择。由图 4.11 可见，三个地形区村民对生态或景观场所的偏好有相同之处，但也存在差异，尤其是山地地区和平原地区村民的生态偏好对比明显。三个地形区最受欢迎的前四种景观空间是自家宅院，村中广场等公共空间，农田、果园、苗圃等人工田地，河流等自然水体周边，但这四种景观空间在三个地形区的热度顺序有差异。平原地区村民的首选是自家宅院，选择率 26%，因为该地形区乡村每户家庭的院子面积较大（调研资料显示约 200 m²/户），村民可自己设计并美化庭院，院子可提供较好的休闲功能。而山地地区村民对自家院子的偏好明显低，选择率只有 8.9%。现场调研时观察到，受坡度限制，该地区村民的家庭院子面积很小（小于 80 m²/户）。低山丘陵地区村民对家庭庭院的选择率（20.24%）也较高，因为受地形限制小，院子面积也相对较大（100～200 m²/户）。山地地区村民的自家庭院较难提供足够的休闲功能，所以村中广场等公共空间是该地形区村民的首选，且选择率明显高于另外两个地形区。同样因为地形原因，农田、果园、苗圃等人工田地面积在平原地区更大，而在山地地区很小，因此平原地区村民对这类生态空间的偏好远高于山地地区村民的。对于自然水体周边的空间，

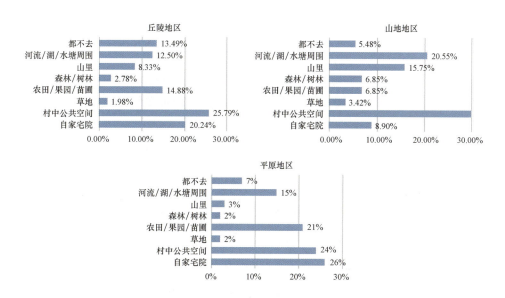

图 4.11　山东乡村居民"休闲时喜欢去的场所"偏好对比
图片来源：作者自绘。

由于山地地区很少有水体景观，所以村民对这类景观充满兴趣和向往，选择率远大于其他两个地形区。

在文化服务方面，本研究进一步分析了三个地形区历史相关景观的数量和村民对其的重要性评价，试图发现是否存在历史景观并不影响居民对这类景观的重要性感知。由图4.12可见，约三分之一的山地地区、约一半的低山丘陵区和平原地区的乡村居民认为村内几乎没有历史性景观。认为存在这类文化景观乡村的类型主要是寺庙、古树和古建筑。虽然有的乡村没有文化类景观，但三个地形区的居民对历史景观的重要性认知非常相似（图4.13），认为这类景观很重要，重要性认可度较高的除了上述三项，还包括历史名人和碑刻。

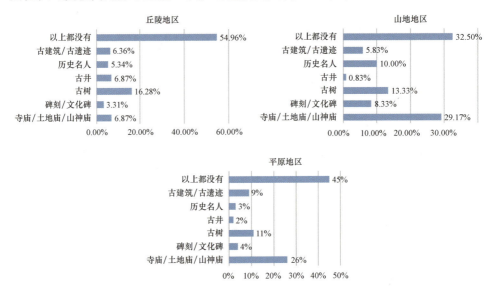

图4.12　山东乡村现存文化景观村民评价统计
图片来源：作者自绘。

对于新建景观的期待度，三个地区都较高。山地地区最高，与该地区坡度大，自家庭院面积较小，而现状公共空间数量未能满足村民户外休闲需求有关。进一步分析村民对新建景观类型的偏好可发现（图4.14），三个地形区居民最希望新建的类型都是健身广场等公共空间，其次是沿街绿化。前者有利于村民进行体育运动、休闲活动和社交空间，后者可提供审美价值。村民对家庭宅院的政府参与度意愿最低，更倾向于自己对私人领域进行设计和修建。也有少数村民对于新建景观持无所谓的态度。

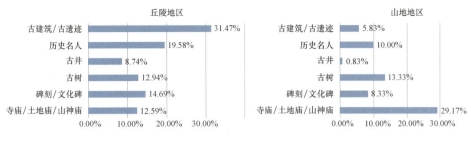

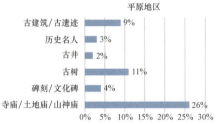

图 4.13　山东乡村文化景观村民重要认知性统计

图片来源：作者自绘。

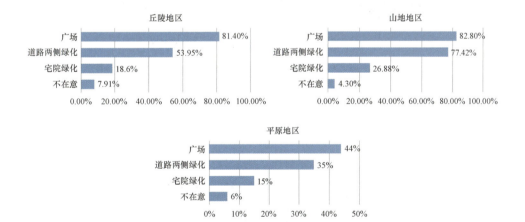

图 4.14　村中景观修建意愿统计

图片来源：作者自绘。

4.2.3.5　三个地形区整体分析小结

山东省三个地区生态系统服务村民感知结果整体较高。15 项评价指标中，东部丘陵地区和西部平原地区均有 10 项超过中位数，中部山地地区有 12 项超过中位数。三个地区指标的评价结果总体趋势近似（图 4.15），仅个别指标评价结果上有高低变化。可见地形对乡村生态系统服务存在影响，主要原因为地形对植被类型、储水能力、耕地面积和宅院面积等有较大影响，从而影响乡村生态系统服务中的自然子系统各项指标，进而产生乡村居民评价高低异同。可见，同纬度且经度相差不大的山东省区域内，乡村生态系统服务水平近似。

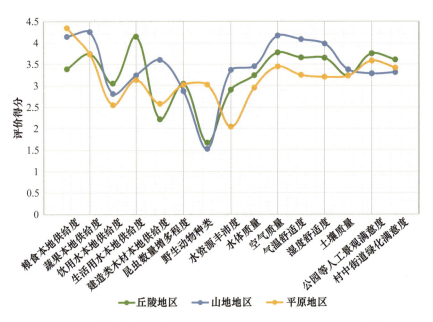

图 4.15　山东省三个地区乡村生态系统服务村民感知评价结果对比

图片来源：作者自绘。

比较分析供给服务可观察曲线左段的五项指标发现，五项指标的三条曲线均逐渐走低，三个地形区相同的指标对比无明显规律。说明地形对供给服务存在影响，但在同一气候区下，也受到土壤成分和土层厚度等因素的影响。

分析调节服务可观察曲线中段的七项指标发现，三个地形区"昆虫数量增多程度"感知数值几乎重合，丘陵和山地地区的"野生动物种类"位于最低谷处。其他五项调节感知数值，包括"水资源丰沛度""水体质量""空气质量""气温舒适度""湿度舒适度"都呈现出山地地区相对最高、平原地区相对最低、丘陵地区居中的规律，表现出了与地形的强相关性。

支持服务中的"土壤质量"感知度相对接近，山地地区略高但差别不大。

分析文化服务可观察曲线最右段两项指标发现，丘陵地区相对最高，平原地区居中，山地地区相对最低。

4.2.4　山东省 11 个典型乡村感知结果对比

从三个地区各选择村庄位置与其所在地形最具有典型关系的 3～5 个乡村，共计 11 个乡村进行排序评价。这里加入 GIS 生态敏感性和适宜性评价做辅助研判。生态敏感性是指生态系统对自然环境和人类活动干扰的敏感程度，生态适宜性是指规划的土地利用方式对生态因素的影响程度，选取高程、坡度、植被覆盖度和土地利用状况进行加权赋值，进行生态敏感性测算，为了避免因子的重复选取，在进行生态适宜性测算的过程中，选取生态敏感性和道路作为其评价指标，交通便捷程度高的用地更有利于转化为城镇用地（表 4.14 和表 4.15）。

表 4.14　生态敏感性测算权重

因子	高程	坡度	植被覆盖	土地利用
权重	0.4	0.34	0.1	0.16

表格来源：作者自绘。

表 4.15　生态适宜性测算权重

因子	生态敏感性	道路
权重	0.7	0.3

表格来源：作者自绘。

4.2.4.1　山东省东部地区典型乡村

根据村域乡村生态系统服务感知评价体系计算山东省东部地区乡村生态系统服务得分（表 4.16），三个典型乡村王村、东陌堂村和西杏山村的乡村生态系统服务评价得分在 60.379、62.146 和 70.946，表明整体服务水平较好，其中西杏山村最高。基于此，结合各村域区位和周边用地环境作进一步详细分析。

表 4.16　山东东部地区 3 个乡村生态系统服务村民评价得分

准则层	指标层	烟台市福山区					
		回里镇		臧家庄镇		门楼镇	
		王村		西杏山村		东陌堂村	
		平均值	加权得分	平均值	加权得分	平均值	加权得分
居民健康	C1 气温舒适度	3.527	26.112	4.025	29.722	3.424	26.577
	C2 湿度舒适度	3.527		4.000		3.424	
	C3 水体质量	2.909		3.650		3.303	
	C4 空气质量	3.545		4.200		3.636	
	C5 公园等人工景观满意度	3.818		3.700		3.697	
乡村韧性	C6 粮食本地供给度	3.398	23.542	3.719	30.199	2.974	24.873
	C7 蔬果本地供给度	3.500		4.250		3.523	
	C8 饮用水本地供给度	2.273		3.125		2.519	
	C9 生活用水本地供给度	3.125		4.454		2.670	
	C10 昆虫数量增多程度	2.509		3.325		3.606	
	C11 野生动物种类	1.509		1.950		1.606	
	C12 水资源丰沛度	2.509		3.325		3.061	
乡村低碳	C13 建造类木材本地供应度	2.325	10.725	1.970	11.025	2.382	10.696
	C14 土壤质量	3.018		3.575		3.182	
	C15 村中街道绿化满意度	3.764		3.615		3.333	
总分		60.379		70.946		62.146	

表格来源：作者自绘。

东部地区 3 个村位于烟台市福山区（图 4.16），其中回里镇王村有效问卷数量 55 份，臧家庄镇西杏山村有效问卷数量 40 份，门楼镇东陌堂村有效问卷数量 33 份。西杏山村生态系统服务村民评价平均值（3.526）最高，王村（3.017）和东陌堂村（3.089）平均值接近（图 4.17）。

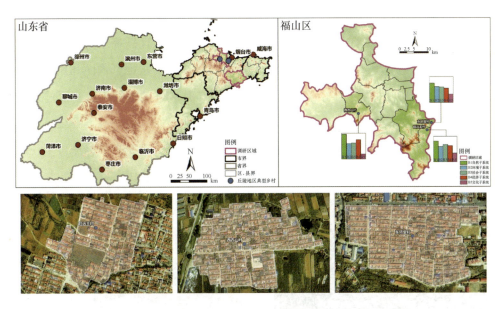

图 4.16 东部地区烟台市福山区案例村区位和评价结果

图片来源：作者自绘。

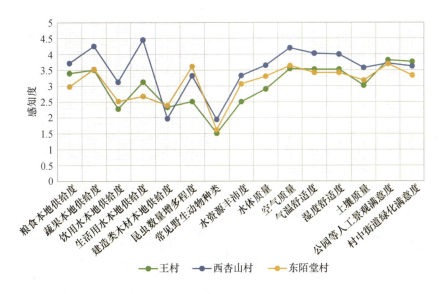

图 4.17 东部地区烟台市三个乡村生态系统服务村民评价均值

图片来源：作者自绘。

（1）西杏山村

西杏山村有10项评价数值排在三个案例村的首位，且显著领先后两个村的感知度。只有建造类木材本地供给度这项数值排位最低。根据影像图和用地现状图可见（图4.18），西杏山村感知度较高的原因与其较好的自然生态和区位条件有关。西杏山村离市区较远，受城镇化建设影响较少，被丘陵山脉群环绕，周边生态条件较优。植被覆盖度分析可见，周边植被覆盖率大于95%。村庄位于丘陵区的生态适宜性最佳的低平缓坡区，整体生态资源和环境较优。

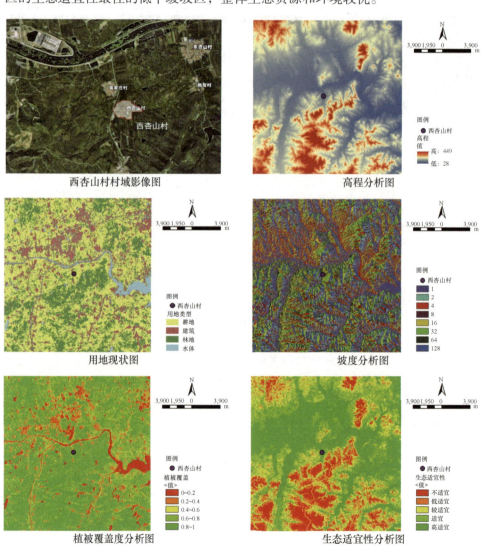

图4.18 西杏山村周边生态条件分析
图片来源：作者自绘。

（2）王村和东陌堂村

王村和东陌堂村的评价得分较为接近，均低于西杏山村。根据影像图和用地现状图可见（图 4.19），两村的直线距离约 3 km，均位于烟台市近郊，处于丘陵地形中的低平地带，东侧临外夹河，其他三面被丘陵山脉围绕。但东侧城镇化开发力度较大，有烟沪线高速近村而过。交通区位方便，与外界联系较多。但由用地现状图可见，两个村东侧和北侧存在大量建设用地，约 50% 的用地已被开发，自然生态条件存在较大程度的干扰。

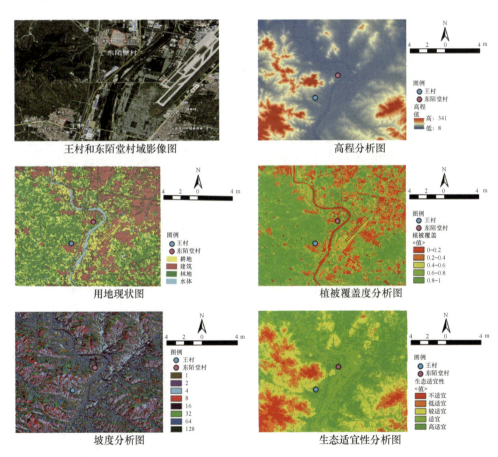

图 4.19　王村和东陌堂村周边生态条件分析

图片来源：作者自绘。

4.2.4.2　山东省中部地区典型乡村

根据村域乡村生态系统服务感知评价体系与评价模型计算山东省中部地区典型乡村生态系统服务及各子系统得分（表 4.17），三个典型乡村盖冶村、杨家庄村和社庄村的乡村生态系统村民评价得分为 66.320、69.986 和 71.467，表明乡村生态系统总体健康水平较高，三个村相差不大，且整体优于丘陵地区，其中社庄村略高。

表 4.17 山东中部地区典型乡村生态系统服务村民感知评价得分

准则层	指标层	淄博市沂源县					
		盖冶村		杨家庄		社庄村	
		平均值	加权得分	平均值	加权得分	平均值	加权得分
居民健康	C1 气温舒适度	4.121	28.610	3.861	27.523	4.270	30.069
	C2 湿度舒适度	4.000		3.806		4.135	
	C3 水体质量	3.576		2.639		4.135	
	C4 空气质量	4.091		4.0556		4.351	
	C5 公园等人工景观满意度	3.000		4.167		2.676	
乡村韧性	C6 粮食本地供给度	4.185	26.029	4.340	28.490	3.919	28.948
	C7 蔬果本地供给度	3.978		4.844		3.936	
	C8 饮用水本地供给度	2.728		2.448		3.244	
	C9 生活用水本地供给度	2.879		3.420		3.395	
	C10 昆虫数量增多程度	2.485		2.694		3.405	
	C11 野生动物种类	1.424		1.333		1.811	
	C12 水资源丰沛度	3.000		3.750		3.324	
乡村低碳	C13 建造类木材本地供给度	3.383	11.689	4.167	13.973	3.738	12.451
	C14 土壤质量	3.424		3.333		3.378	
	C15 村中街道绿化满意度	2.546		4.306		3.027	
总分		66.320		69.986		71.467	

表格来源：作者自绘。

中部地区三个典型村位于淄博市沂源县（图 4.20），其中社庄有效问卷数量 37 份，杨家庄有效问卷数量 36 份，盖冶村有效问卷数量 33 份。

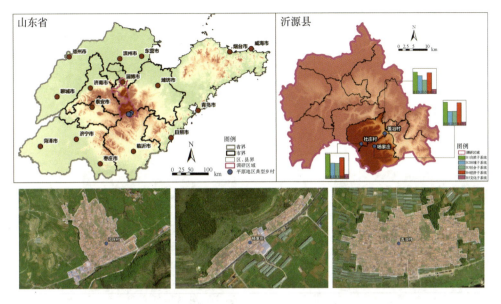

图 4.20　中部地区淄博沂源县中庄镇 3 个案例村区位和评价结果
图片来源：作者自绘。

　　杨家庄和社庄均位于鲁中山脉群中，是典型的山地型乡村，周边生态条件较好，社庄旁还有社庄水库。这两个村村民感知度较高的原因与其较好的自然生态和区位条件有关，受城镇化建设影响较少。盖冶村也位于山脉群中，但位于山脉中的南北向平原，且有沾林高速近村路过，对该村的生态形成一定干扰。由用地现状分析图、生态适宜性分析图可见（图 4.21），感知度总分略低的该冶村周边自然条件生态敏感度低，适宜建设。

4.2.4.3　山东省西部地区典型乡村可持续发展水平分值

　　根据村域乡村生态系统居民感知评价体系与评价模型计算山东省平原地区典型乡村生态系统服务及各子系统可持续发展水平得分（表 4.18），从西南选择三个典型乡村、在西北平原选择两个典型乡村（图 4.22）。其中西南平原的红船村、大陈楼村和土车刘村加权得分为 62.098、66.468 和 64.412，西北平原的马官屯村和肖庄村复杂系统村民评价为 62.209 和 59.775。两个平原的土壤成分、水资源总量和微气候等存在一定差异，西南平原略高于西北平原但差距不大，且整体地域为丘陵地区和山地地区。其中土车刘村略高。

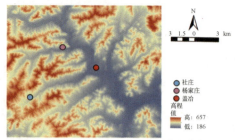

盖冶村、社庄、杨家庄所在地形区高程分析

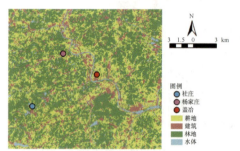

盖冶村、社庄、杨家庄周边用地现状

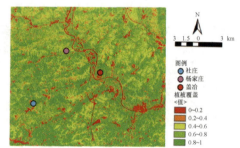

盖冶村、社庄、杨家庄周边植被覆盖度分析

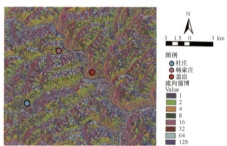

盖冶村、社庄、杨家庄所在地形坡度分析

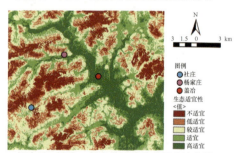

盖冶村、社庄、杨家庄周边生态适宜性分析

图 4.21　盖冶村、社庄、杨家庄周边生态条件分析

图片来源：作者自绘。

表 4.18　山东平原地区典型乡村生态系统服务村民评价得分

准则层	指标层	菏泽市鄄城县						德州市夏津县			
		红船镇		饮马镇		凤凰镇		雷集镇			
		红船村		大陈楼村		土车刘村		马官屯村		肖庄村	
		平均值	加权得分	平均值	加权得分	平均值	加权得分	平均值	加权得分	平均值	加权得分
居民健康	C1 气温舒适度	3.438		3.148		3.000		3.286		3.319	
	C2 湿度舒适度	3.438		3.074		3.033		3.143		3.255	
	C3 水体质量	3.000	26.296	2.630	24.373	3.067	24.849	2.952	24.144	3.043	24.511
	C4 空气质量	3.469		3.407		3.300		3.381		3.574	
	C5 公园等人工景观满意度	4.063		4.000		3.967		3.143		2.957	
乡村韧性	C6 粮食本地供给度	3.906		4.653		4.729		4.256		4.269	
	C7 蔬果本地供给度	3.320		3.843		4.313		3.839		3.538	
	C8 饮用水本地供给度	2.324		2.454		2.542		2.679		2.713	
	C9 生活用水本地供给度	3.145	24.484	3.125	29.508	2.667	27.096	3.363	26.500	3.325	25.521
	C10 昆虫数量增多程度	2.781		4.367		2.667		1.381		2.532	
	C11 野生动物种类	1.563		2.200		1.889		3.048		1.383	
	C12 水资源丰沛度	2.469		3.037		2.833		2.714		2.426	

续表

准则层	指标层	菏泽市鄄城县						德州市夏津县			
		红船镇		饮马镇		凤凰镇		雷集镇			
		红船村		大陈楼村		土车刘村		马官屯村		肖庄村	
		平均值	加权得分	平均值	加权得分	平均值	加权得分	平均值	加权得分	平均值	加权得分
乡村低碳	C13 建造类木材本地供给度	2.451		3.333		3.333		2.895		2.262	
	C14 土壤质量	3.156	11.318	3.296	12.587	3.200	12.467	3.476	11.565	3.149	9.743
	C15 村中街道绿化满意度	4.031		3.963		4.000		3.050		2.422	
总分		62.098		66.468		64.412		62.209		59.775	

表格来源：作者自绘。

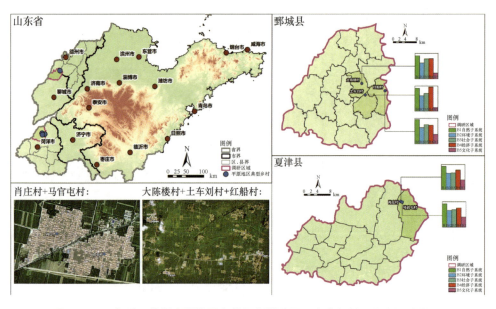

图 4.22　西部地区德州市夏津县和菏泽市鄄城县 5 个案例村区位和评价结果

图片来源：作者自绘。

（1）西南平原

西南平原地区的三个典型村位于菏泽市鄄城县，其中红船镇红船村有效问卷数量 32 份，饮马镇土车刘村有效问卷数量 29 份，凤凰镇大陈楼村有效问卷数量 27 份。土车刘村复杂系统服务评价平均值（3.370）相对最高，大陈楼村（3.235）和红船村（3.104）的平均值略低但分值差距较小，分差约为 0.12，小于丘陵地区和山地地区三个乡村的分差 0.5 和 0.3。

三个乡村的区位和周边自然生态条件区别不大，均位于农田和村落彼此镶嵌的地带。大陈楼村和土车刘村距离鄄城县城更近，德上高速距离大陈楼村和土车刘村的距离都约为 1.5 km。土车刘村旁边紧邻引水干渠，红船村紧邻省道。

由高程、植被覆盖度等分析图可见（图 4.23），西南平原菏泽市整体高差较低，评价略低的红船村周边植被覆盖度低，土车刘村和大陈楼村周边植被覆盖度相对略高。乡村周边大于 80% 的土地是耕地，然后是村落，散布极少量林地，有五条引水干渠网状分布。

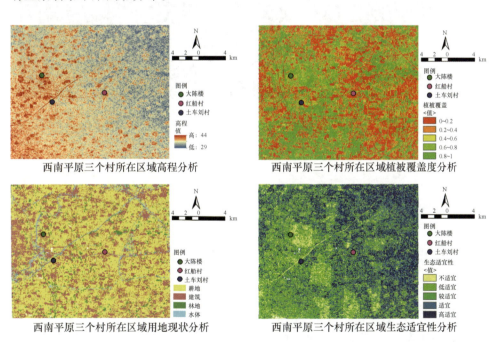

西南平原三个村所在区域高程分析　　　西南平原三个村所在区域植被覆盖度分析

西南平原三个村所在区域用地现状分析　　　西南平原三个村所在区域生态适宜性分析

图 4.23　西南平原三个村周边生态条件分析图
图片来源：作者自绘。

（2）西北平原

西北平原地区的两个典型村位于德州市（图 4.24），其中夏津县雷集镇马官屯村有效问卷数量 22 份，夏津县雷集镇肖庄村有效问卷数量 36 份。马官屯村生态系统服务感知平均值 3.107，肖庄村是 2.944，平均分接近且分值差距较小，约为 0.16，小于丘陵地区和山地地区三个乡村的分差 0.5 和 0.3。两个乡村的区位和周边自然生态条件区别不大，均位于农田和村落彼此镶嵌的地带。肖庄和马官屯邻近，均紧邻省道 S323。西南平原和西北平原的典型村居民评价数据接近，可见约 7° 的纬度差别等条件对两处平原的村民评价的影响不大。

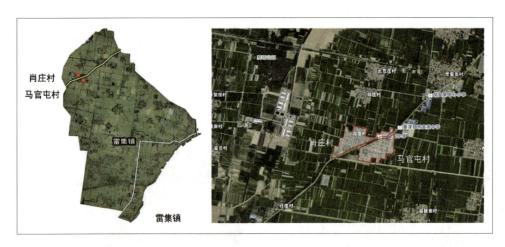

图 4.24　肖庄和马官屯村位置
图片来源：作者自绘。

由图 4.25 高程、用地现状等分析图可见，两个村所处地域高差较小，整体平坦，大于 80% 的周边用地是和植被耕地，均匀散布着村庄，水体极少。周边用地的生态适宜性均较高。

4.2.4.4　典型村得分比对

根据前文的权重，对各乡村生态系统服务村民感知得分进行综合计算并排序，结果如表 4.19 所示。可见，中部山地地区的乡村排名多在中上游，东部和西部乡村排序较为分散且多在中下游，表明乡村地区生态系统居民感知在山东省内存在一定差异但不显著，受宏观地形和区域差异影响不强烈，受乡村所在微观环境影响更大。

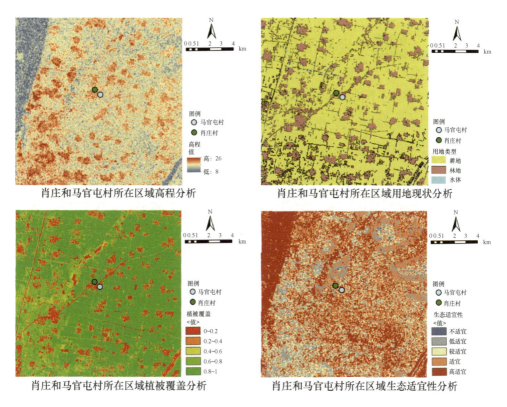

肖庄和马官屯村所在区域高程分析

肖庄和马官屯村所在区域用地现状分析

肖庄和马官屯村所在区域植被覆盖分析

肖庄和马官屯村所在区域生态适宜性分析

图 4.25 西北平原两个村周边生态条件分析

图片来源：作者自绘。

表 4.19 三个地形区 11 个典型乡村得分排序

地形区	城市	乡村	加权得分	排名
中部山地	淄博市	杨家庄村	71.467	1
东部丘陵	烟台市	西杏山村	70.946	2
中部山地	淄博市	社庄村	69.986	3
西部平原	菏泽市	大陈楼村	66.468	4
中部山地	淄博市	盖冶村	66.32	5
西部平原	菏泽市	土车刘村	64.412	6
西部平原	德州市	马官屯村	62.209	7
东部丘陵	烟台市	东陌堂村	62.146	8
西部平原	菏泽市	红船村	62.098	9
东部丘陵	烟台市	王村	60.379	10
西部平原	德州市	肖庄村	59.775	11

表格来源：作者自绘。

4.3 乡村居民感知评价影响机制分析

考虑乡村居民个体因素会对评价结果产生影响，故对潜在的影响因素进行分析。影响因素根据受访者个体特征选取，一般来说包括性别、年龄、受教育程度、每年在村居住时长、村中社交人数、家庭年收入、农业收入占家庭收入比重等社会经济因素。

通过卡方检验分析村民个体特征与评价结果之间的关系，本书选取了受访者的年龄、性别、受教育水平和家庭年收入 4 个方面，分别分析不同人群对供给、调节和文化服务的感知差异。结果发现不同人群特征和感知度之间存在一定差异和相关性。

家庭收入低、年龄较大或受教育水平较低的群体，对自然子系统的感知度最大。将 5 项供给服务指标与 4 项受访者特征作关联性分析。P 值（P value）越小，表明结果越显著。得出 20 项关联数值 P 都小于 0.001，说明都存在相关性。于是进一步做卡方检验，各组之间的 Cramer's V 数值如表 4.20 所示，数值越大则关联性越强。可看出家庭年收入对供给服务感知的相关性最强，受教育水平次之，年龄和性别最小。进一步分析家庭年收入情况，根据标准化残差数据发现，村民对供给服务的感知度随着家庭年收入的提高而下降（图 4.26）。家庭年收入在"0.5 万～ 1 万元人民币"（775 ～ 1550 美元）的低收入家庭对供给感知度最高。原因或许与恩格尔系数理论[338]类似，一个家庭收入越低，则收入中用来购买食物的支出占比就越高；随着家庭收入的增加，家庭中用来购买食物的支出比例则会下降。再结合其他几项个体特征可得出，乡村中年龄较大（大于 50 岁占比 43.67%）、家庭年收入较低（低于 1541 美元占比 57.21%）和受教育水平较低（高中及以下占比 34.50%）的乡村居民占比较高，而他们对于供给服务的选择也更偏向于较为传统的"自己种植""集市购买""井水""自来水"等方式。

表 4.20　供给服务感知与个体特征关联度 Cramer's V 数值

生态系统供给服务		年龄	性别	受教育水平	家庭年收入
食物	粮食	0.092	0.201	0.366	0.519
	蔬果	0.086	0.156	0.224	0.508
淡水	饮用水	0.246	0.035	0.499	0.507
	生活用水	0.109	0.068	0.423	0.502
原材料	房屋建材	0.069	0.054	0.129	0.487

表格来源：作者自绘。

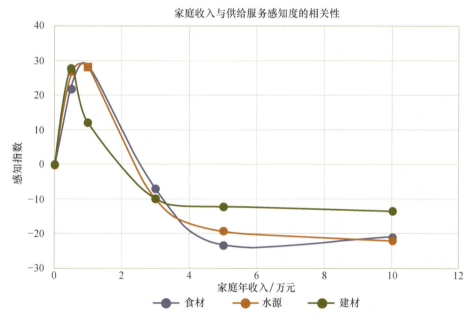

图 4.26　家庭收入与供给服务评价相关性

图片来源：作者自绘。

　　女性、年轻人和老年人，对环境子系统的评价较高。环境子系统指标与受访者特征的关联性 P 值均存在相关性，具体 Cramer's V 数值如表 4.21 所示。但与供给服务的相关性特征相反，家庭年收入与调节服务的相关性最低，分别是 0.057，0.068，0.105，0.123，0.110。性别与调节服务的相关度最高，各项 Cramer's V 数值也极为接近，分别为 0.398，0.397，0.396，0.396，0.397。进一步分析可发现，女性群体比男性群体更容易感知到调节服务。虽然村民整体对调节服务满意度较高，但标准化残差显示，大部分女性群体选择是"较为满意

（4 分）"或者"适中（3 分）"，而大多数男性选择的是"非常满意（5 分）"。原因可能与女性群体更加感性、被满足的阈值更高有关。年龄与调节服务的相关度排在第二。分析可发现，年龄在 29 岁以下的年轻人及 50 岁以上的老年人，对调节服务更为敏感，而 30～49 岁的中年人感知度比较弱。29 岁以下年轻人对水量和水质的调节更敏感，50 岁以上老年人对温度和空气调节更敏感。结合受教育程度可发现，年轻人受教育程度更高，水体对人类健康影响最大，年轻人更为关注。而老年人容易有慢性气管炎、肺气肿和骨性关节炎等疾病，这些疾病对空气质量和温度比较敏感。

表 4.21　调节服务感知与个体特征关联度 Cramer's V 数值

生态系统调节服务		年龄	性别	文化程度	家庭年收入
水体	水量	0.229	0.398	0.128	0.057
	水体质量	0.231	0.397	0.114	0.068
空气	空气质量	0.176	0.396	0.139	0.105
温度	气温舒适度	0.132	0.396	0.103	0.123
湿度	湿度舒适度	0.112	0.397	0.122	0.110

表格来源：作者自绘。

社交人数与休闲地点选择的相关性最强。在对生态系统的文化服务与个体居民特征关联性进行分析时，由于地形不同引起自然资源、景观空间和文化景观存在一定差异，因此在该部分分析中对地貌进行了区分。我们对乡村居民个体特征指标也进行了调整，除了年龄、性别、受教育水平、家庭年收入外，增加了居民日常社交人数及见识度（是否去过城市）。但性别和家庭年收入的各组数据间 $P > 0.001$，不存在相关性，因此不对这两项进行进一步分析。其他 4 项的 Cramer's V 数值如表 4.22 所示。平原地区与个体特征关联度最高，山地地区其次，低山丘陵区最低。三个地貌区居民对于休闲地点的选择与个体社交人数的相关性最强，与年龄的相关性最弱。进一步通过卡方分析可得，社交人数为"20人以上"的村民是乡村中最为活跃的群体，他们更愿意前往村中广场进行活动，前往频率也最高。日常交往人数为"0 人"的居民群体更倾向于待在家中，而非室外公共空间。交往人数在"1～4""5～9""10～19"三个区间内的居民群体，日常交往人数越多，对于各类自然景观的感知度越高，对前往各空间进行休闲活动的倾向性就越强。也就是说，随着村民日常交往人数的增加，村民对于休闲空间的偏好由家、农田等比较有个人属性的场所逐步变成山、林、河、湖类自然生态空间，最后变成人口最为聚集的村中公共空间。村民的见识度方面，没有"城市公园游览经历"乡村居民更喜欢待在自家院子，而有过"城市公园游览经历"的居民群体则对广场（标准化残差的均值为 4.25）及森林、草地、山地等自然生态景观有着较为浓厚的兴趣。

表 4.22　三个地区生态空间选择偏好与个体特征关联度 Cramer's V 数值

	年龄	见识度	文化程度	社交人数
东部丘陵地区	0.174	0.261	0.229	0.365
中部山地地区	0.246	0.238	0.286	0.338
西部平原地区	0.329	0.359	0.280	0.384

表格来源：作者自绘。

4.4　山东地区乡村生态系统服务感知结论

（1）乡村居民的生态意识和行为

除了调查村民的乡村生态系统服务评价外，本研究还调查了村民对生态的看法和生态行为。综合调查结果表明，有 42%～50% 的村民在给农作物施肥和喷杀虫剂时不考虑对生态环境的影响，而是更关注提高产量从而带来更多收入。还有约 40% 的村民表示会同时考虑生态环境和提高产量。说明有一半村民更关心能不能盈利，但也有一半村民有生态保护意识并在行为上有了响应，这表明长期的政策宣传起到了一定效果。根据山东省政府网站显示，从 2015 年开始，农业农村部组织开展化肥农药使用量零增长行动，使用有机肥代替化肥，推行低风险农药代替化学农药，经过 5 年的实施已有较好效果。

以往研究证明，认知水平影响村民的态度，不同知识水平的村民参与意愿不同，必须提高村民的生态意识来改善目前的状况[339]。提高农民生态素养、转变农民生态观念和做法是提升农民支持率的必要战略[340]。结合前文结果可发现，村中老年人占比较大，受教育程度低，思想观念比较传统，收入较低，更容易受到收入水平和补贴水平的影响。补贴问题会影响村民的生态行为及对生态政策的支持和参与意愿[341]。政府的这项行动还包括施肥和喷药技术培训、宣传引导。

（2）精神需求日益增长

访谈过程中还发现，因山东省生态系统供给服务已经稳定、长期地满足村民需要，村民现在更加重视精神需求，这符合马斯洛需求层次理论[342]。相比来说，城市居民更喜欢有自然属性的野生景观[343]，如山林和河流。但数据分析和访谈发现，案例地的乡村居民更喜欢具有人文属性的景观，比如可以健身和社交的广场，在这里可以与好友们下棋、跳广场舞和聊天。他们同样也很喜欢农田、苗圃和果园，这些场所能让自己感受到劳作的快乐和收获果实的满足感。也有很多村民习惯在自己的宅院里及院子外的街道两侧种植果树和农作物，这是属于他们自己的领地。这种感受超出了获得经济利益这个重要影响因素，而满足感、多年习惯以及能和朋友分享也是重要原因。对于村内的景观工程，比如修建广场、沿河休憩步道和沿街绿化，大部分村民比较盼望。也有部分村民不希望有沿街绿化，他们希望自己家院子围墙外的街道两侧，也归自己种植。所以在部分乡村，出现了政府每年在道路两侧种植花草等绿化之后，很快会被村民破坏并重新种植自己喜欢的作物的情况。调研过程中一位村民委员会主任描述道，这种情况已持续出现了5年，造成了大量资金浪费。但上层的政策必须执行，面对村民的破坏行为也并没有好的解决方法。很多学者提出了共同缔造理念[344]，设置一些宽泛的要求，让乡村居民参与进来，形成低维护、可持续的乡村景观。比如从审美角度，对植物的高度、种类和形态提出要求，允许居民在自己家旁边的街道两侧种植自己喜欢的作物，实现居民参与。访谈中了解到，居民在院子里和路边，喜爱种的果树有苹果树、桃树、无花果树、枣树、石榴树和柿子树，喜爱种的农作物有茄子、西红柿、辣椒、丝瓜、萝卜、白菜、韭菜、大葱和玉米，可以考虑从其中选取部分允许村民在路边进行种植，管理者只对间距进行控制，形成有秩序的农业景观。

对于村中的历史景观，比如古建筑和寺庙，很多40岁以上的村民对其保持着信仰，认为这是某种文化的延续，这也让他们更有家乡归属感。但在专业人士看来，比如历史学家、规划师和建筑师们，有些居民认为的老建筑或者构筑物不一定具有高的价值。所以在乡村景观修建过程中，往往做不到保留村民有情感的全部景观。具有乡村特征的人文要素或许会越来越少，这也是我们不希望看到的。有些研究已经开始探讨如何保留村民认为的独特景观，与专家的看法相比，记录并保留居民认为有意义的日常景观更有意义。这样做的好处是能保留乡村景观特征，也能实现更好的居民主导管理。

（3）影响乡村居民感知度的因素

地形对供给服务和文化服务感知度的影响显著[345]，而性别、年龄和社交人数对文化服务感知度的影响较大[55]。比如访谈中我们发现，男性受访者的参与意愿更强，造成差异的原因可能是两种性别的关注点不同。男性一般都有外出工作的经历，这有利于加强信息交流，从而提高认知能力，所以男性比女性更关注家庭以外的信息[346]。50 岁以上的老年人对温度和湿度调节能力的感知更为敏感，这与老年人容易有慢性气管炎、肺气肿和骨性关节炎等疾病有关，不合适的温度湿度更容易造成他们的身体不适[347]。

访谈过程中还遇到少数 70 岁以上的老人，他们健康状况不佳且走路缓慢，他们缺乏出门行走的信心，所以会较少走出院子。相关证据表明[348]，糟糕的行人基础设施可能会阻碍老年人步行，多数乡村中的路面条件和夜晚光线的不足，是老年人跌倒受伤的相关环境因素。由于该地区乡村老龄化严重，在未来 10～20 年内，50 岁以上的人群会更加衰老，行人基础设施应该成为未来建设的重要目标。

4.5　本章小结

本章在第 3 章乡村生态系统服务乡村居民感知评价体系的基础上，以山东省为研究对象，对山东中、东、西三个地区 5 个市 7 个县（区）46 个乡村 1176 位乡村居民进行问卷调研，获取生态系统服务感知评价数据并进行综合计算和分析，剖析山东乡村地区生态系统服务乡村居民感知现状和特征。

（1）根据山东省乡村居民感知预调研情况，将评价指标进行口语化描述，转译为感知调研问卷，有利于获取更为准确的村民评价数据。将问卷数据量化并进行描述性分析，从三个层级对数据结果进行对比。山东省乡村居民对乡村生态系统服务度评价整体较高，15 项指标中，有 10 项的整体平均值大于 3.000，有 1 项平均值接近 3.000，仅有 1 项低于 2.000。

① 平均值最高且较为接近的指标有 7 个，依序是粮食本地供给度（3.938）、空气质量（3.834）、蔬果本地供给度（3.804）、公园等人工景观满意度（3.691）、村中街道绿化满意度（3.649）、气温舒适度（3.615）和湿度舒适度（3.599），在供给、调节、支持和文化这四类服务均有分布。较高的 2 项供给服务（粮食供给和蔬果供给）评价结果与山东省较强的农产品发展水平相一致。山东省是国内重要的粮食蔬果生产地，多种农产品的供应范围可至全国或出口国外。乡村居民可以自给自足或从本地集市购买来满足日常生活需要。

② 评价最低的 4 项指标依序是常见野生动物种类（1.718）、水资源丰沛度（2.156）、建造类木材本地供给度（2.585）、饮用水本地供给度（2.695）和昆虫数量增多程度（2.929）。说明山东省乡村自然子系统方面亟须提升。

（2）三个地区结果对比分析。三个地区各项指标评价结果总体近似，仅个别指标评价结果上有高低变化。可见地形对乡村生态系统服务存在影响，主要原因为地形对植被类型、储水能力、耕地面积和宅院面积等有较大影响，从而影响乡村生态系统服务中的自然子系统各项指标。但同纬度且经度相差不大的山东省区域内，乡村生态系统服务水平近似，只对个别指标影响显著。

（3）三个地区典型乡村评价分析。三个地区 11 个案例乡村的结果有一定差异，中部山地地区的乡村排名多在中上游，东部和西部乡村排序较为分散且多在中下游，表明乡村地区生态系统居民感知在山东省内存在一定差异但不显著，受宏观地形和区域差异影响不强烈，受乡村所在微观环境影响更大。

（4）通过卡方检验分析影响居民感知评价的影响因素。受访者的年龄、性别、受教育水平和家庭年收入 4 个方面对乡村生态系统服务居民感知均有影响。家庭收入低、年龄较大或受教育水平较低的群体，对自然子系统的感知度最大。女性、年轻人和老年人，对环境子系统的评价较高。原因可能与女性群体更加感性、被满足的阈值更高有关。年龄在 29 岁以下的年轻人及 50 岁以上的老年人，对调节服务更为敏感。而 30～49 岁的中年人感知度比较弱。29 岁以下年轻人对水量和水质的调节更敏感，50 岁以上老年人对温度和空气调节更敏感。结合受教育程度可发现，年轻人受教育程度更高，水体对人类健康影响最大，年轻人更为关注。而老年人容易有慢性气管炎、肺气肿和骨性关节炎等疾病，这些疾病对空气质量和温度比较敏感。

（5）乡村生态系统服务客观数据评价参照。客观数据获取自各县域相关政府部门和统计局网站，选取山东东部烟台市福山区、中部淄博市张店区、沂源县和淄川区，西部夏津县和鄄城县作为案例进行评价。评价结果横向比对显示，东部地区乡村生态系统服务得分相对最高，中部地区其次，西部地区相对较低，高低分布整体来说和感知数据评价结果近似，说明生态系统服务乡村居民感知评价体系具有一定合理性。

（6）本研究通过半结构化访谈和问卷的方式调查了不同地形区乡村居民的生态感知度。我们的结果表明，地形对生态系统服务的居民感知有着显著影响，尤其是供给服务和文化服务。并且居民普遍对乡村的生态环境有着家乡归属感和认同感，最受偏爱的生态景观空间包括公共场地、农田和自家宅院。相比城市来说，这种熟悉感和家乡归属感更让他们愿意长期居住在乡村。对于人工建设的村中广场和健身休闲空间，他们有着更明显的偏好。说明研究区的乡村居民已经实现一定的物质满足，开始对健康和精神层面的满足等有了不同程度的要求。对于自己家院子外街道两侧周围的植被，他们有着很强的主人意识，会主动培育和管护。对于文化类景观，古建筑、寺庙和古树，他们认为非常重要。同时，不同群体的感知结果有差异，老年人群体更值得在未来的规划建设中被关注。实地调研增强了对村民生态感知的理解，研究的一些主要结果可以为乡村生态政策的制定和管理提供有价值的参考。如可以建设乡村居民偏好的生态景观空间并种植他们喜欢的果树，并且把居民院子周围的空地种植和管理权交给村民，只在种类、高度等方面进行规定。这样可激发他们的共同缔造和维护的积极性，促进公众参与，同时实现生态、食用和观赏性。在道路路面和照明等基础设施的修建时，可以考虑老年人的出行方便。这些发现有助于降低乡村政府的管理压力，降低建设的经济成本和管理的人力成本。

第5章 山东乡村地区生态系统服务优化策略

在前述章节对乡村生态系统服务居民感知评价体系构建、感知数据获取和分析对比的基础上，本章基于新时期我国经济社会发展转型阶段的要求，进一步讨论面向乡村居民感知评价提升的山东乡村地区生态系统服务优化的路径问题。

基于对新时期我国乡村高质量发展内涵的探讨，在深入揭示山东乡村地区生态系统服务居民感知特征和影响机理的同时，也为乡村生态系统服务优化提供了思路和启示。高质量发展视角下的乡村生态系统服务优化，依赖于乡村居民共治共建内驱力的激发和引导，本章探讨从居民主体角度对生态系统服务提升的方法，可为生态管理治理政策互为补充，解决政策落地过程中的问题，形成面向乡村高质量发展的生态系统服务优化措施和建议。

5.1 新需求下乡村生态系统服务优化的内涵与价值导向

5.1.1 生态系统服务优化的内涵

生态系统服务的概念被广泛理解为"人类从健康生态系统的自然功能中获得的益处"，这个概念描述了从生态系统到人类的单向服务流。但反过来，人类通过对生态系统的维护，可改善其服务水平、为生态系统做出贡献。通过这种双方的双向服务，可实现人类与生态系统之间互惠关系的闭环[80]，实现人类对生态系统服务的优化和提升。生态系统服务优化并促使其可持续发展是城乡规划学、建筑学、生态学、农学、环境学、风景园林等各学科需共同应对的综合课题。生态系统服务优化可以从以下三个方面进行：一是通过国土空间规划和资源统筹的方式，增加生态斑块数量和面积并将其连通，构建生态网络空间体系，将空间结构与生态系统服务提升结合；二是通过土壤修复、水体修复、森林植被多样性增植等方式进行生态修复；三是治理和管理的政策制定，可对生态资源进行有效管控、保护并促使其可持续发展。其中，管理依赖于自上而下的权威，强调贯彻，是少数人决定多数人需求的树状结构；而治理是建立多面、网络状的作用关系，强调协同、协作，是少数人执行多数人的需求。如 G. 斯托克（Gery Stoker）认为治理的本质在于机制，而不依赖于政府权威和制裁，这与政治学领域强调以政府治权管理公共事务有很大的不同[349]。而对于乡村生态系统服务优化而言，从强调控制和命令的"管理"向强调协商和合作的"治理"转变，体现了"以人民为中心"的发展理念，是实现乡村生态系统服务治理可持续化的基本路径。乡村治理的主体应该是所有乡村居民，其客体包括了全域全要素的国土空间用途、空间布局及发展要求，还包括村落空间格局、公共生活、人居环境以及乡土文化等。本研究着重探讨面向以人为本的乡村生态系统服务优化策略。

5.1.2　高质量生态系统服务优化的价值导向

高质量发展是基于我国社会主要矛盾变化和中国社会经济发展阶段的特征提出的新型城镇化战略要求。统筹生态保护和经济发展关系、构建国土空间治理新格局，是强调高质量发展导向下的规划治理手段，是以高标准保护、高效能开发、高韧性支撑、高水平治理为特征的规划治理。从乡村生态系统服务提升角度，主要体现以下三个层面的要求。

第一，生态文明建设和现代化空间治理的要求。国土空间规划与过去的城乡规划、土地利用规划等有着本质上的逻辑差异，是一种兼具发展导向与底线约束特色的新型规划治理体系，是需要随着生态文明建设不断发展的规划治理机制。平衡国土空间资源，强化地方经济造血功能，优化县域村域在乡村振兴和新型城镇化中的作用。

第二，关注需求和尺度的规划创新。国土空间规划是城镇化下半场，围绕人民对高质量发展、高品质生活的需要，做出的规划设计改良，比较关注"人"的空间尺度和生活、生产、生态需求。乡村作为一种美好人居环境和宜人空间场所的重要类型，需要通过对人居环境多层级空间特征的系统辨识，多尺度要素内容的统筹协调，以及对自然、文化保护与发展的整体认识，运用设计思维，借助形态组织和环境营造方法，依托规划传导和政策推动，实现国土空间整体布局的结构优化，生态系统的健康持续，历史文脉的传承发展，功能组织的活力有序，风貌特色的引导控制，公共空间的系统建设，达成美好人居环境和宜人空间场所的积极塑造。关注公共生活环境的设计，好的设计需要通过塑造高品质的公共生活环境，促进公共价值的实现，进而惠及乡村居民日常的活动。人居环境的质量是由公共生活决定的，换言之，是由人们居住、工作、交往、游憩、交通等城市活动对应的空间质量决定的。

第三，关注对乡村文化精神的继承。当前，中国城镇化取得的瞩目成就，但也出现了诸多经济、空间增长之外的，乡村风貌特色缺失、传统文脉断裂、文化遗产破坏等问题。作为乡村的灵魂，乡土文化记忆是乡村文明的主体，是人民智慧的沉淀，是乡村竞争力的重要组成部分。因此，妥善处理好保护和发展的关系，注重延续乡村文脉，保留历史文化记忆，让人们记得住乡愁，坚定文化自信，增强家国情怀，也是实现高质量发展，建设高品质人居环境的历史要求。

5.2　面向居民感知评价提升的乡村生态系统服务优化策略

乡村地区生态系统服务作为城乡发展的根基，提供了生产、生活、生态等多重裨益和基本保障，是我国社会经济稳定发展和生态文明建设的重要基础。因此，研究乡村地区生态系统服务评价及优化对增强乡村应对外部冲击的稳定力、促进城乡发展具有重要意义。乡村居民是乡村生态系统服务的直接受益者和建设维护者，基于乡村居民生态系统服务的感知评价，可以将上层政策和规划与居民需求互融互洽，引导村民的生态理念和行为，促使他们在乡村生态保护和可持续发展中发挥主力军作用，对促进乡村振兴共治共建效应更大化实现有重要意义。

生态系统服务的增强需要在不同尺度上加以解决，在居民感知角度，主要通过微观尺度上与利益相关者（农民、管理者、政策制定者等）之间的互动，才能更好地优化服务供给和保持。广义上的互动网络（从食物网到景观网络，其中的节点可以是物种、植物群落、田地或农场）有助于解决这一高度复杂的问题[81]。政策制定者、管理人员和乡村居民等利益相关者需要更好的培训和指导，以便了解掌握具体的生态知识和技能，以及如何调整策略以应对当前实践中遇到的困难，从而达到预期目标。包括农业景观的维护、生物多样性的保护、碳固存调节气候变化、当地优质产品的生产、土壤肥力维护以及森林野火的预防等，尤其是奖励农民在生产、生活中对自然资源的可持续管理以及提升保护生物多样性的意识和行为[87]。

基于我国社会发展进入新阶段并产生新需求的背景，乡村生态系统服务应从新维度进行评价并引导其可持续发展。经过文献综述和发展方向研判，本研究从"健康、韧性、低碳"三个维度对乡村生态系统服务的内涵和评价进行再认知。其中，健康阐释为生态系统服务对乡村居民健康所提供的基础保障，韧性阐释为生态系统服务对乡村经济、社会、文化等子系统抵御和适应外界冲击能力所提供的支持，低碳阐释为乡村生态用地的碳汇功能及乡村居民生活中的节能理念和行为方式。乡村生态系统服务可从这三个维度为乡村发展提供基础保障，为促进乡村各子系统联结提供支撑。从三者关系看，乡村居民健康是维持乡村稳定发展的基础，乡村各系统韧性是乡村应对外部冲击的保障，乡村地区低碳发展是全球减碳背景下我国实现低碳目标的重要发力点。乡村生态系统服务可为乡村居民健康、乡村各系统韧性和乡村低碳发展提供基础服务和源头支撑。

具体来说，乡村生态系统服务健康与乡村居民身心健康密切相关，乡村生态系统服务可为对居民身心健康产生积极影响的自然、环境、社会关系等多方面服务。乡村生态系统服务韧性可通过提供多种服务来增强乡村系统韧性，安全的供给服务可保障乡村主体人群健康和依靠农耕的经济子系统韧性，稳定的调节和文化服务能够增强乡村社会子系统的韧性。乡村生态系统服务通过自然过程维持乡村系统的韧性，加强乡村系统应对极端气候事件和不确定干扰的能力。乡村生态系统服务低碳可直接影响低碳乡村的实现，农村地区拥有的农田、水系、林地等丰富的自然和人工生态系统服务是实现碳中和的关键生态用地，这些用地在碳汇方面发挥了重要作用。

因此，基于乡村现存生态环境建设中的问题和我国经济社会发展新需求，以健康、韧性、低碳为切入点对乡村生态系统服务进行认知和评价，并提出满足当前需求生态系统服务提升策略，可为探讨我国乡村生态系统服务的可持续发展路径、乡村振兴和乡村规划建设提供切实参考。

5.2.1　居民公共健康促进的乡村生态系统服务优化

生态系统服务健康提升涉及供给、调节、支持和文化服务等多个方面。乡村生态系统服务健康旨在为乡村居民提供基本的粮食安全、淡水安全等保障，可削减公共健康隐患，保持乡村居民的身心健康状况。在文化服务方面，以健康为导向的乡村文化引导有助于鼓励村民参与户外健身与邻里交往活动，可帮助乡村居民排遣负面情绪、培养健康心理、增进邻里关系。

乡村物质空间作为乡村居民生活、生产和自然生态的载体，是自下而上在乡村居民的活动中逐渐演化而成的，符合乡村居民的主观需求。同时，物质空间反过来对乡村居民的生活和生产方式有着潜移默化的引导，因此其在乡村公共健康安全方面起到重要作用。乡村的复合系统各组成结构能与乡村物质空间互促互生（图 5.1），并最终促进乡村生态系统服务主体健康。

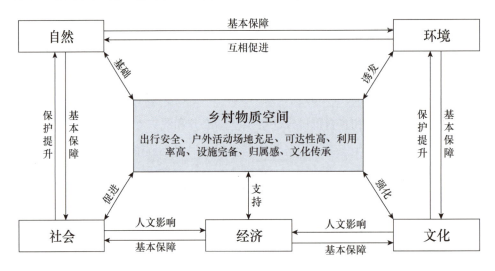

图 5.1　各评价系统之间相互促进及其与乡村物质空间的作用关系

图片来源：作者自绘。

如袁青[173]等学者认为，乡村空间环境在促进居民公共健康方面优势显著，早期"田园城市"（garden city）的三磁体构想到信息化时代的"新型田园城市"，均融入了乡村空间环境的优点。高品质的乡村自然空间、出行空间、交往空间和居住空间，可影响居民的行为类型和频率、心理舒适度，促进居民健康生活方式。如安全宜人的步行空间，是消除出行顾虑、保证出行安全、延续健康出行方式的重要保证；庭院空间是乡村居住环境的核心要素，涵盖居住、种植、豢养与仓储等功能，其环境优劣与乡村居民健康息息相关。

从空间规划与设计视角引导和优化乡村物质空间，对提高人体机能、引导健康生活方式、优化乡村微气候、保护保持生态环境意识等方面有积极影响，从而实现健康乡村稳定发展，可为乡村可持续发展提供重要的理论和实践支持。

5.2.2 经济社会韧性强化的乡村生态系统服务优化

乡村生态系统服务韧性的提升，应在保证生态系统服务健康的基础上，提升乡村自然子系统韧性，从提升自然子系统及经济、社会等其他子系统韧性的角度提高并联合各子系统，最终实现乡村生态系统服务韧性和乡村系统韧性的最大化。与健康和低碳目标不同，韧性在于各子系统之间的联结和互促作用，进而产生各子系统联结后 1+1＞2 的增强作用。

生态系统服务韧性提升涉及供给、调节、支持和文化服务等多个方面。从乡村居民对生态系统服务韧性感知的角度，指标在供给、调节、支持和文化四方面都有分布，其中供给服务指标包括人均耕地面积、家庭年收入、家庭农业经济收入占比；调节服务指标包括人均水资源量、野生动物种类；支持服务指标为耕地质量；文化服务指标包括村民年龄分布、村民受教育程度、社会联系紧密度、生态保护政策支持度、公共空间建设、景观数量。

乡村物质空间作为乡村复合系统的组成部分，已有较多学者从韧性角度出发，对乡村空间的营建和优化进行了理论和实证研究。如魏艺[193]总结了乡村韧性失衡的原因，将乡村生活空间分为居住空间、公共服务空间、文化休闲空间和消费空间，提出了乡村空间适应性建构的方法。徐丹华认为"韧性"理论是复杂系统应对环境变化的重要理论工具，认为乡村空间营建是微观层面的"主体−产业−空间"的关联机制，宏观层面的"社会−经济−环境"维度可评价乡村的韧性状态，并提出了营建策略[329]。吴成凤等[350]将生态脆弱山区和乡村居民点分区相结合，可提升乡村居民的居住安全。

从乡村居民点区位、空间规划与设计视角引导和优化乡村物质空间，对提高乡村生态系统服务韧性的各方面有积极影响，可为乡村可持续发展提供重要的理论和实践支持。

5.2.3 减源增汇低碳融入的乡村生态系统服务优化

生态系统服务低碳提升需要通过碳汇用地的供给，以及乡村居民生活中节能设施和技术的使用来实现。碳汇（碳吸收）和碳源（碳排放）是影响人类碳环境的两个重要部分，增加碳汇、减少碳源是实现低碳的重要方法，同时对改善环境气候也有着重要作用（图 5.2）。

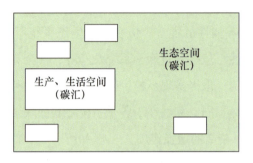

生态空间
（碳汇）

生产、生活空间
（碳汇）

图 5.2　碳汇碳源与乡村空间的关系
图片来源：作者自绘。

碳汇（碳吸收）方面，主要通过植物光合作用将 CO_2 进行固定，因此增加林地、草地、湿地等碳汇用地是实现低碳的有效措施。

碳源（碳排放）方面，国家和城市尺度的碳活动涵盖范围和类型远大于乡村。乡村产业中工业的比重极少，主要包括农业、林业以及依赖在其之上的极少数的家庭活动。这部分消耗的能源极少，且主要发生在乡村居民的日常生活中，主要包括出行交通、生活能源等，因而乡村的能耗主要是指乡村社会生活所产生的能耗和随之而产生的碳排放。

空间低碳规划是县域城镇控碳减排建设的重要手段。国内外学者从区域碳代谢、碳平衡等角度方面进行了量化研究，研究证实空间规划通过宏观政策、战略规划和控制性详细规划等调整土地、产业、能源、人口、交通、建筑等多重要素，直接或间接影响碳源、碳汇的空间分布，进而发挥节能减排效用。

国内外学者对于乡村地区的低碳发展研究主要集中于低碳技术的应用、低碳空间的设计策略，以及数理层面的定量研究。低碳技术的应用主要包括节能技术、新型建筑材料、水弹性设施、新能源设施等方面在乡村中的应用[351]。低碳空间的设计与建设主要包括乡村建筑、交通、公共空间与生态景观等的营建[352]。数理层面的定量研究主要包括乡村碳排放的核算与低碳乡村的评价指标体系的构建[199]。也有学者通过碳源、碳汇计算与分析，综合空间设计与低碳技术，提出了由低碳空间、低碳建筑、低碳交通、低碳资源与低碳产业所构成的乡村低碳规划策略体系[353]。从乡村社区空间形态的低碳适应性角度探讨乡村的营建方法[354]。整体来说从低碳视角研究乡村地区空间优化提升具有可行性和重要意义。

5.2.4 乡村生态系统服务优化综合策略

生态系统服务优化通常需要多种策略共同实现。一是空间规划作为一种乡村问题的空间解决方案，可形成直观的空间形态结果，为乡村发展中问题的解决提供了可呈现的物质空间场所和载体。二是依托于空间载体的同时，需要兼顾不同群体的利益诉求和社会经济发展需求，将空间形态、乡村生态系统、生活生产体系、乡土文化等统筹，制订综合性解决方案。三是空间规划管理和可持续发展政策的落实需要乡村基层行政人员和乡村居民的共同努力，需要对他们进行培训和指导，提高生态知识和技能，以及如何调整策略以应对当前实践中遇到的困难，从而达到预期目标。如农业复合结构的维护、生物多样性的保护、当地优质产品的生产、土壤肥力维护以及森林野火的预防等，尤其是奖励农民在生产、生活中对自然资源的可持续管理以及提升生态保护的意识和行为（图5.3）。

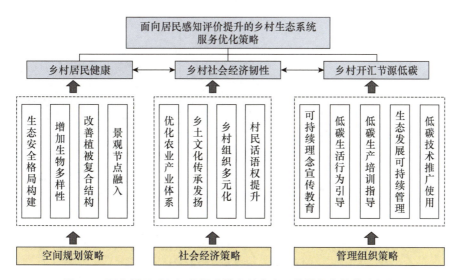

图 5.3　面向居民感知评价提升的乡村生态系统服务优化策略框架

图片来源：作者自绘。

对乡村居民健康、经济收入无直接影响的生态系统服务指标,乡村居民在生产生活中虽然可以感知到,但存在本能性忽略、重要性意识不足的现象。由于村中常住居民通常为 45 岁以上的中老年人,因此对生态系统服务中影响健康的指标更为敏感,如温度和湿度;同时也对微观空间中的坡度、铺装材质等设计要素的使用便捷度较为敏感,需要在小尺度规划设计时进行重点考量和落地监督。

5.3 荫子村生态系统服务提升方法实例

5.3.1 荫子村概况、现存问题和发展优势

5.3.1.1 案例概况

本研究选取山东东部地区威海市荫子村为案例进行生态系统服务提升研究。荫子村位于山东东部地区威海市荣成西北部(图 5.4),由前荫子夼、后荫子夼和青岘庄三个行政村和周边五个自然村合并在一起组成,共计 697 户。该地气候温润、交通便利,以农耕为主。村民长期以主粮、果树、花生等为主要种植作物。

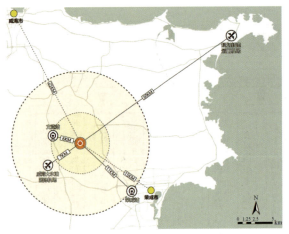
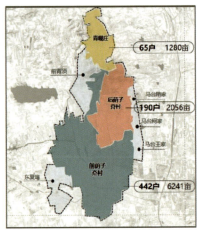

图 5.4　荫子村区位和人口

图片来源:荫子村乡村振兴规划。

（1）地形和生态环境

荫子村四面为坡状丘陵（图 5.5），村址坐落在两条山脊的延伸处，玉带河绕村而过，背山面水，水甘土润，草木繁茂，自然环境良好。气候属暖温带季风类型，四季分明，春季干燥，夏季雨量充沛，秋季天高气爽，冬季干冷。周边缓坡丘陵连绵不断，最高点高程 182 m。村北侧、西侧树林茂密，林边农田环绕，土壤酸碱度中性，适合种植主粮、果树、花生等农作物。村周边伴有河流和水库，水库面积较大且水质清冽。荫子生态优越，乡村聚落位于丘陵缓坡处，生态景观风貌完整（图 5.6、图 5.7）。

图 5.5　荫子村与周边地形和水系关系
图片来源：荫子村乡村振兴规划和谷歌影像。

图 5.6　荫子村内街巷生态绿地
图片来源：作者自摄。

图 5.7　荫子村村域内农田、河流
图片来源：作者自摄。

（2）农业发展基本情况

荫子村土地肥沃，水源充足。现有耕地 6183.3 亩，其中小麦耕地面积 882 亩，玉米耕地面积 1830 亩，花生耕地面积 1500 亩。

近几年，荫子村大力进行农业产业结构调整，重点发展特色种植业。目前，共有现代苹果果园 1700 余亩，采用水肥一体化灌溉，亩均收入 1 万余元；草莓 60 余亩，共有 29 个高标准种植大棚；茶叶 110 余亩，以红茶和绿茶为主，年均收入 20 万余元；西洋参 280 余亩。荫子村现有荣成市晓东茶叶专业合作社、荣成市良田尚品果蔬专业合作社、荣成市学志花生种植专业合作社、荣成市荫子金辰土地专业合作社和荣成市宏信果品专业合作社，可带动 1000 余户的农户。

（3）工业发展基本情况

荫子村的工业相对于荣成市其他乡镇来说较为一般，拥有山东金辰机械股份有限公司、荣成市蓝海花生食品有限公司、荣成市泓远化工有限公司等私营企业。这些企业主要从事传统行业，如专用设备制造业和农副食品加工业。虽然它们在创造就业机会方面对当地有所帮助，但带动力仍然有限。

（4）人口特征

截至 2020 年年底，荫子村的总人口为 1291 人，共有 697 户。其中，60 岁以上的人单独居住的户数为 389 户，占总户数的 55.8%。40 岁以下的户数为 120 户，占总户数的 17.2%。村里有 60 户同时居住着 60 岁以上的老人和他们的子女，占总户数的 8.6%。而 18 岁以下的人口仅占总人口的 5%。荫子村的人口老龄化问题突出，青少年和儿童的比例相对较低。

（5）道路交通情况

根据路面质量、路面宽度及服务农村户数，对荫子现有道路进行分类整理。村内道路明显分为三级——村庄主要道路、村庄次要道路、村庄巷道。村庄主要、次要道路均已硬化，但村庄巷道无硬化。村庄主要道路路面质量良好、路面宽度 6～8 m，道路两侧景观效果较好。村庄次要道路路面宽度 4～6 m，可适当扩宽，道路两侧缺少景观。村庄巷道路面宽度 3～4 m，为土路面，可以承担小汽车的通行，以农户门前树木和木棚蔬菜为主要绿化。

（6）公共服务设施情况

村庄公共服务设施配置相对有限。村委会设有小型图书阅览室、活动室和 1 个公共广场，但广场上的体育和健身设施分布缺乏规划，使用率较低。村庄中只有 1 个卫生室提供基本的医疗服务。调查发现村庄中的老年人活动场所相对匮乏，活动范围通常在村委会院内和活动广场。此外，村内有几家小型村民自营的小超市，主要分布在主要道路附近，这些小超市可以满足村民的基本日常采购需求。

（7）基础设施情况

村内生活用水主要为自来水和地下井水，村内主要道路铺设水管，可满足村民的日常使用。村庄排水设施不够完善，缺乏管线系统，雨水明沟排放，生活污水部分暗沟排放，雨污合流。无污水处理设备，污水直接向现有坑塘和农田排放。村庄无集中供气和供暖设施，柴草和煤炭是村民主要冬季取暖燃料，生活燃气以液化气为主。电力电信设施覆盖度较好。荫子村 697 户厕所已完成改厕，村内无公厕，有多处垃圾收集点，每天有专人统一清运。

（8）建筑情况

荫子村建筑质量一般，多数建筑为 20 世纪 70—80 年代建成（表 5.1）。前荫子夼村委附近人民公社时期建筑保存质量较好，具有保留价值。

表 5.1　建筑年代一览表

建筑年代	比例 /（%）	个数
清末民初	3	31
20 世纪 30—40 年代	20	200
20 世纪 50—60 年代	21	205
20 世纪 70—80 年代	42	418
20 世纪 90 年代	15	145

表格来源：荫子村乡村振兴规划项目。

（9）文化特征

荫子村是位于海陆交汇处的农耕型乡村，既有海洋文化的豪放和团结，又有农耕文明的仁义和淳厚，形成具有地域特色的文化复合体（图 5.8）。军户传统使

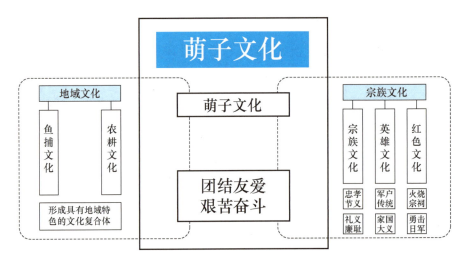

图 5.8　荫子村文化特征
图片来源：荫子村乡村振兴规划。

其形成了民族大义和家国大义的英雄文化，火烧宗祠和勇击日军的英勇事迹使其传承了的红色文化，世代相传忠孝节义和礼义廉耻的宗族文化，团结友爱和艰苦奋斗的人民公社文化。

但是荫子村在新时期的发展中，历史文化特征不明显，挖掘利用程度较低，乡村文化缺乏参与性和体验性，由此在规划中依托村庄发展条件，深入挖掘村庄特质与内在价值，注重延续村庄独具特色的文化，是荫子村乡村振兴的核心要义。

5.3.1.2　现存问题

（1）人口流失，老龄化严重

通过对荫子村 697 户进行全样本调研。发现年龄结构严重失衡，人口结构金字塔呈倒三角形。60 岁以上独自居住的户占总户数的 55.8%，其中 70 岁以上的户占 55%，单个老人的户占 35.2%。60 岁以上老人与子女同时居住在村里的户占 8.6%。18 岁以下的人口占总人口的 5%，共 85 人。其中，0～6 岁人口 23 人，7～12 岁人口 29 人，13～18 岁人口 33 人。青少年及儿童人口比例过低（图 5.9）。

2018年人口结构金字塔

图 5.9　荫子村家庭代际空间分布图和实际居住人数空间分布
图片来源：荫子村乡村振兴规划。

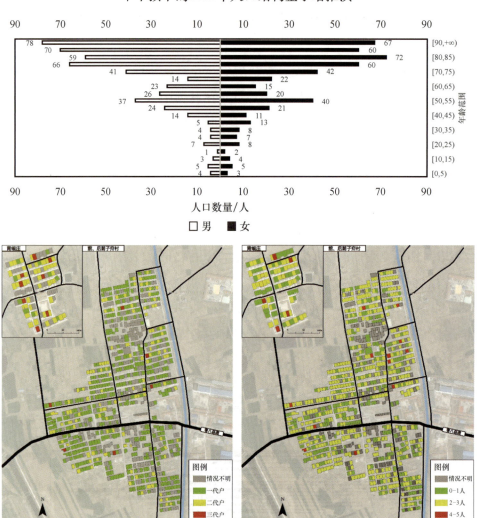

图5.9 （续）

（2）产业低效，土地利用集约性低

荫子村的3个行政村产业结构单一。农业产业以种植西洋参、瓜果和粮食为主，人均农业用地为2亩。由于种植西洋参，土壤肥力下降，同时由于人口流失严重，大多数土地或荒废、或流转。

2019年通过村庄走访及地形图数据分析，荫子村实际宅基地共计998处，闲置宅基地数共计264处，空置宅基地数共计42处。空闲宅基地比例达31%，空间上呈现"均质分散，局部集中"的分布特征（图 5.10）。空置、闲置的宅基地与独居老人宅基地所占比例较大、空闲地所占比例高，是荫子村人均建设用地占比高的原因。未来可进一步优化土地空间。

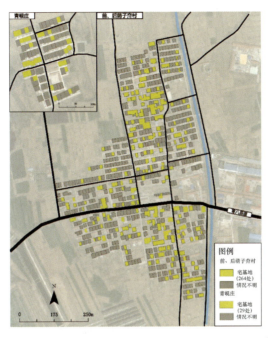

图 5.10　荫子村空置宅基地
图片来源：荫子村乡村振兴规划项目。

（3）肌理破坏，服务设施匮乏

荫子村建筑色彩单一，原有的灰黑色 1/2 瓦片被红色大瓦片及彩钢瓦所取代，街巷空间单一。

公共服务设施、基础设施及农业服务设施配套薄弱。缺少公共活动空间和养老服务设施等。主要道路和次要道路路面需修缮整治。村内给水、排水、供电、电信、通信、燃气、供热等设施及相关管线还未完成系统配置。村民前往村庄周边耕地的生产性道路质量不佳，且因地形存在坡度，村民日常耕作出行不便。

5.3.1.3　发展优势

（1）区位条件优越、对外交通便捷

荫子村位于荣成市西北部，距离威海大水泊国际机场 7 km、荣成火车站 11 km，文登火车站 40 km，距离规划新建通用机场 30 km。驾车到达各个对外交通枢纽的时间在 1 个小时以内，对外交通便利。308 省道东西贯穿荫子镇，在前荫子疥、后荫子疥和青岘庄东约 3 km 处，是荣成市总体规划中确定的乡村旅游廊道，这为荫子的旅游发展带来很好的契机。

（2）地势起伏变化，生态环境良好

荫子村四面环山，村址坐落在两条山脊的延伸处，玉带河绕村而过，背山面水，水甘土润，草木繁茂，自然环境良好。

群山连绵不断，群山形成一个内聚型汇水区，形成玉带河、东河 2 条干流、6 条支流和 15 处坑塘水系，水资源丰富；区域内有雨山水库和龙庙山水库，水库保水量大、水质清冽；北侧和西侧树林茂密，保持了原生自然状态，空气中负氧离子含量高；农田土地中等、中性适合种植主粮、果树、花生等农作物。

（3）姚氏聚族而居，文化质朴淳厚

姚氏祖先于明代在此建村，自此聚族耕作农桑，历 650 年，民风质朴淳厚，形成具有地方特色的多元文化。延续村庄独具特色的文化，是荫子乡村振兴的核心要义。

（4）存量土地丰富，开发潜力巨大

荫子村现有耕地总面积 6183.3 亩，通过占补平衡可整理耕地 400～500 亩。村庄建设总用地 1600 亩，通过增减挂钩可新增耕地约 250 亩。

前荫子疥村集体经营性建设用地约 156.6 亩，国有建设用地约 69.9 亩（表 5.2）。

表 5.2　集体经营性用地和国有建设用地一览表

代码	类别	名称	面积/亩	状态
1		大祝线缆有限公司（生产地）	33.45	闲置
2		化肥厂	2.85	运营
3		老镇政府	2.25	闲置
4	集体经营性建设用地	供销社	8.7	闲置
5		蓝海花生食品有限公司	11.55	运营
6		兽医站	5.85	闲置
7		食品站	3.6	闲置
8		农村商业银行	3.9	闲置

代码	类别	名称	面积/亩	状态
9		联通公司	4.5	运营
10		原大祝线缆有限公司办公楼	7.65	闲置
11		商店	6.9	运营
12		威海市佳盛机械科技有限公司	9.6	运营
13		荣成市鸿远化工有限公司	28.65	运营
14		荣成市粮食购销中心	22.8	运营
15		化肥、水泥零售	4.35	运营
		合计	156.6	—
16	国有建设用地	金辰荫子花园	13.65	在建
17		山东金辰机械股份有限公司	56.25	运营
		合计	69.9	—

表格来源：荫子村乡村振兴规划。

（5）政策力度支持，发展机遇空前

相继颁布的《国家乡村振兴战略规划（2018—2022 年）》和《山东省乡村振兴战略规划（2018—2022 年）》作为乡村振兴的指导和依据，山东省人民政府相继在全省启动一系列行动，并给予了一系列的发展优惠政策，给乡村振兴带来了空前的新机遇。

5.3.2　荫子村生态系统服务居民感知评价

5.3.2.1　生态系统服务感知评价数据获取

荫子村共计 697 户，采用随机分散式入户发放的方式发放问卷 100 份，每户访谈 1 人，回收有效问卷 96 份，受访者个人及其家庭基本特征如表 5.3 所示。

表 5.3　荫子村受访者个人及家庭基本特征

指标	指标解释	人数/人	比例/（%）	指标	指标解释	人数/人	比例/（%）
受访者性别	男	52	54.17	受访者受教育水平	小学及以下	17	17.71
	女	44	45.83		初中	41	42.71
受访者年龄	29 岁及以下	7	7.38		高中	25	26.04
	30～39 岁	15	16.22		本科	12	12.50
	40～49 岁	23	22.72		硕士及以上	1	1.04
	50 岁及以上	51	53.68	受访者 2021 年在村居住时长	一直在村居住	68	70.83
受访者健康状况	健康	78	81.56		9～12 个月	13	13.54
	基本健康	18	18.44		5～8 个月	9	9.38
	生活不能自理	0	0.00		0～4 个月	6	6.25
家庭年收入	5000 元及以下	3	3.13	农林牧副渔业收入占家庭年收入比重	20% 及以下	39	40.63
	5001～10 000 元	21	21.88		21%～40%	19	19.79
	10 001～30 000 元	28	29.17		41%～60%	13	13.54
	30 001～50 000 元	25	26.04		61%～80%	10	10.42
	50 001～100 000 元	11	11.45		80% 以上	15	15.62
	10 万元以上	8	8.33	家中从事农林牧副渔的人数	0 人	29	30.21
家中是否有村干部	是	18	18.75		1～2 人	57	59.38
	否	78	81.25		3～4 人	9	9.38
共同居住的家庭成员数量	独居	39	40.63		5 人及以上	1	1.03
	1～2 人	32	33.33	受访者在本村的社会交往人数	0 人	3	3.13
	3～6 人	24	25.00		1～4 人	30	31.25
	7 人及以上	1	1.04		5～9 人	25	26.04
					10 人及以上	38	39.58
调查总人数				96			

表格来源：作者自绘。

受访者情况可大致归纳为：① 男性与女性受访者的比例接近 1∶1，但男性略多于女性，所占比例分别为 54.17% 和 45.83%，问卷为无差别发放。② 受访者年龄分布以中老年为主，符合当前乡村人口老龄化的现实情况，29 岁及以下的人数占比最低，为 7.38%；50 岁以上占比最高，为 53.68%。③ 60.42% 的受访者受教育程度在初中及以下，26.04% 受过高中教育，整体文化水平不高。④ 绝大部分受访者身体状况较好。⑤ 84.37% 的受访者为常住居民（每年在村时间多于 8 个月）。⑥ 39.58% 的受访者在本村的社交人数在 10 人以上，57.29% 受访者社交范围在 1~9 人，有 3.13% 的受访者表示除了家人之外没有其他社交，整体来说荫子村村民之间的社会关系较为融洽和睦。

受访者家庭基本特征整体情况为：① 54.18% 的受访者家庭年收入低于 3 万元人民币，约 1/4 的家庭在 1 万元以下，家庭收入大于 10 万元的占 8.33%。② 1/4 的受访者家庭有 3~6 人，约三成的家庭是 1~2 人，村庄还有较多独居老人。③ 绝大部分家庭的收入不依赖第一产业，接近一半的受访者农林牧副渔收入占家庭收入比重在 20% 及以下。④ 从家中从事农林牧副渔的人数来看，1/3 的家庭无人从事第一产业，过半数的家庭中有 1~2 人从事第一产业，更多的家庭要靠外出打工来增加收入。

5.3.2.2　生态系统服务感知评价结果分析

荫子村生态系统服务居民感知评价调研结果整体具有山东东部丘陵地区的特征，问卷的具体结果如表 5.4 所示。

表 5.4　荫子村生态系统服务居民感知评价均值

乡村生态系统服务			最小值	最大值	平均值	平均值归 5	标准差	中位数	加权得分
居民健康	温度	气温舒适度	1.000	5.000	3.837	—	0.571	3.000	27.621
	湿度	湿度舒适度	1.000	5.000	3.721	—	0.783	3.000	
	水体	水体质量	1.000	5.000	3.319	—	0.652	3.000	
	空气	空气质量	1.000	5.000	3.785	—	0.518	4.000	
	休闲健身	公园等人工景观满意度	1.000	5.000	3.535	—	1.038	4.000	

乡村生态系统服务		最小值	最大值	平均值	平均值归5	标准差	中位数	加权得分
经济社会韧性	食物	粮食本地供给度	1.000	4.000	3.07	3.835	0.515	3.000	29.632
		蔬果本地供给度	1.000	4.000	3.11	3.888	0.713	3.000	
	淡水	饮用水本地供给度	1.000	4.000	2.972	3.715	0.553	2.000	
		生活用水本地供给度	1.000	4.000	3.017	3.771	0.847	2.500	
	生物多样性	昆虫数量增多程度	1.000	5.000	2.724	—	1.378	3.000	
		常见野生动物种类	1.000	5.000	2.627	—	1.359	1.000	
	水体	水资源丰沛度	1.000	4.000	3.016	—	0.735	2.000	
低碳	建筑原材料	建造类木材本地供给度	1.000	3.000	1.618	2.023	0.649	1.000	10.413
	土壤	土壤质量	1.000	5.000	3.163	—	0.796	3.000	
	绿化	村中街道绿化满意度	1.000	5.000	3.579	—	1.115	4.000	
总得分		—	—	—	—	—	—	67.666

注：最小值表示受访者数据中选项的最小值，最大值表示受访者数据中选项的最大值。有5项指标，如粮食本地供给度、蔬果本地供给度、饮用水本地供给度、生活用水本地供给度是1～4量表打分，建造类木材本地供给度是1～3量表打分，为统一比较，已将这5项的平均值进行归一化处理。

表格来源：作者自绘。

将表5.4的生态系统服务感知评价数据与居民访谈情况结合，总结如下：

（1）荫子村居民健康方面的服务感知评价整体较好，生态系统服务对居民身体健康较有利。结合居民访谈可知荫子村所处的地区温度、湿度均很适宜；温度表现为昼夜温差小，且夏低冬高；湿度大于省内城市济南周边的乡村（过于干燥）、小于省内城市青岛的周边乡村（过于潮湿），处于居中的适宜状态；水体、空气质量评价良好。

（2）荫子村经济社会韧性感知评价方面呈现不同评价。农作物生产供给方面以高经济价值的农业产业为主，主要为樱桃、无花果、蓝莓的种植，也有苹果种植。种植粮食类作物的村民以玉米、花生、小麦和蔬菜为主，并不以经济收入为目的，多由于常年的耕种习惯和对土地的情感，收获的果实用于自家食用和赠予亲戚朋友。饮用水均为自来水。坑塘、水湾中的丰沛水源也为洗衣、浇地等用水提供了充足的来源。整体来说在供给服务方面的感知评价较高，可较大地增强荫子村的经济韧性。生物多样性方面的评价一般，常见野生动物种类小于 10 种甚至更低，昆虫数量和其他乡村近似。

（3）荫子村低碳感知评价方面整体一般。主要表现为林地等碳汇用地较少，乡村的土地除建设用地外，多为耕地和园地。土壤质量情况中等，作物耕种需要施加肥料。村中景观和山东省多数乡村类似，为常见的乡村景观，人工设计类景观较少。

荫子村生态系统服务居民感知评价整体情况较好，其中对乡村居民健康影响较大的温度、湿度、空气质量等几项指标评价最佳，乡村经济社会韧性指标中的粮食和蔬果供给的评价较好，乡村低碳方面评价一般。

5.3.3 因地制宜的生态系统服务健康提升策略

通过对荫子村居民的问卷调查和访谈，生态系统服务于乡村居民健康的评价结果整体较为理想，其中，公共空间建设和景观场所数量方面的评分相对较低。整体可通过空间规划策略对生态系统服务水平进行进一步优化。

5.3.3.1 田、园、场、林绿色网络构建

依托荫子村村域范围内现状防护林带，围绕现状农田布局和田园生态林网，提高林地等用地的植被覆盖率，并种植本土植物以增加植物多样性，可调节村域范围内温湿度和空气质量，提升碳汇水平。丰富的植物多样性可促进营养循环，有利于土壤的有机改良。同时可为野生动物提供更多样的栖息空间，也为乡村居民提供更好的人居环境。将紧邻村庄的现有耕地，耕地外围的现有果园、苗圃、花园，再外围的农场和牧场，以及最外围丘陵山地中的自然林地，整合构成层次分明的绿色网络格局（图 5.11）。

5.3.3.2 河、湖、溪、塘水系贯通互联

荫子村四面丘陵环绕、地势相对较低，水系汇聚在低洼处形成较多大小不一的坑塘和河流。荫子村聚落内有"三横三纵"共 6 条水网形成水系网络，荫

图 5.11　荫子村绿色网络格局构建
图片来源：荫子村乡村振兴规划。

子村村域范围内还有玉带河、天外湖和其他坑塘 10 余个，村域外有面积较大的雨山湖。优化策略在现状水系基础上，疏通河道、连接坑塘，形成互联互通的水网结构，可增强荫子村的水生态系统服务水平，还可调节村域范围内微气候，为野生动物提供良好的栖息地，也为乡村居民提供更适宜的人居环境。如图 5.12 所示，在原有河流坑塘基础上，将玉带河顺地形向北延伸并串联现状坑塘和天外湖、雨山湖，在村落东北部形成小范围湿地。在水网的基础上，选择节点营造水景景观，为乡村居民的户外活动提供更多空间和优良的景观环境。水系网络可更好地吸收、存续、渗透、净化雨水和地表水，成为荫子村生态系统服务良好基础。

图 5.12　荫子村水系贯通互联构建
图片来源：荫子村乡村振兴规划。

5.3.3.3　景观节点融入

在荫子村绿网、水网构建的基础上，将现有农耕和果园景观等农业产业融入景观节点形成具有当地特色的主要景观（图 5.13），可将乡村地域农耕景观向外展示，为外部城乡居民提供文化服务的乡土教育和乡野景观审美服务，也可为荫子村居民打造户外活动空间，从而有效提升文化服务，为荫子村居民提供更好的户外活动场所，既可作为社会交往的场所，还可促进居民身心健康。

观星台

牧野童趣
苹果园
雨山湖
玫瑰城堡
渡槽景观

农耕体验
桃园
孝亲园

樱桃园

青岘庄

龙庙溪谷

花香园
玫瑰栈道
茶韵谷

生态湿地
东桥
乡村振兴创意展示基地

苹果园

图 5.13　荫子村景观节点规划
图片来源：荫子村乡村振兴规划。

5.3.4　要素联结的生态系统服务韧性提升策略

乡村经济社会韧性主要通过产业升级和社会组织方式优化进行提升。在荫子村全域现状的基础上构建全域范围内的农业产业体系、道路交通网络体系以及整体的景观体系，通过产业布局和生态治理进而实现生态系统服务经济社会韧性优化的目标。乡村居民个人和家庭收入是重要的经济韧性表征，因荫子村常住居民多以农耕作物收入为主要来源，因此经济收入与生态系统服务水平关联度较高。

社会韧性表征了乡村居民本土文化和社会凝聚力受到外部文化冲击和社会组织影响时的反应和缓冲。乡村生态系统服务韧性与乡村社会、经济韧性相互依赖。乡村作为一个复合系统，韧性不仅仅体现在自然资源方面，还涉及为乡村居民提供福祉的环境。生态系统服务是乡村韧性的一部分，因此生态系统服务韧性的提升，应考虑经济、文化、社会等方面的策略。

5.3.4.1　农业产业体系融合

在生态系统服务健康基础上，优化升级农业产业体系，将荫子村现有樱桃园、苹果园、桃园、农场、茶园等产业融合升级（图 5.14）。在生产力方面推进农业规模化种植，在组织管理方面推进家庭经营、集体经营、合作经营和企业经营等多元的产业组织方式，实现农业果实质量提高、产量增收，从而促进荫子村农业经济收入，提升生态系统服务的效率进而促进荫子村的经济韧性。

　　乡村产业体系是发展乡村产业的基石，构建符合我国当前社会经济高质量发展需求的乡村产业体系必须结合当地农业发展水平、农民接受程度、关联产业发展基础，合理开发本地资源，挖掘本土文化，探索具有地域特色、适宜本地发展的实施路径。

图·5.14　荫子村产业体系融合规划

图片来源：荫子村乡村振兴规划。

5.3.4.2 乡土文化振兴

通过推进和发扬荫子村现有乡村文化，提高村民故乡荣誉感和自豪感。将荫子村保留下的人民公社（图5.15）和历史文化进行保留和扩建，形成人民公社文化创意广场和荫子村历史文化记忆馆。创意广场可展示中华合作社的百年发展历程，可作为荫子乡村振兴的展示交流平台和村民文艺演出、交流活动的舞台。对外可宣传乡村文化，展现农民精神风貌，对内丰富村民文化生活，塑造精神文明家园。

图 5.15 荫子村人民公社现状照片
图片来源：荫子村乡村振兴规划。

通过对荫子村历史记忆和乡土文化的唤醒，可培养村民社会对公共事务的关注并产生主动行为，也可提升乡风文明建设。通过乡土性的文化认同和场所营造，可提供荫子村居民文化认同的心理基础，能够从不同层面动员处于同一乡土文化网络中的村民，并由此引导文化建设意义上的共同体行动。政府主动融入乡村传统文化并获得村民心理认同，在此基础上扩展村民对主流文化的感知，以推动乡村社会治理的共建、共治、共享下的乡风文明与村庄文化建设。

5.3.4.3　乡村组织多元

组织体系是新社会经济发展背景下乡村治理体系的关键环节，既是对新时代乡村治理组织体系建设探索的一个新创举，也是新时代乡村治理组织体系自身的演进逻辑。从近十年乡村振兴的实践过程看，新时代乡村治理组织体系仍然存在结构上的多种问题。

乡村治理关系着国家治理体系和治理能力现代化目标的实现，其有效治理是实现乡村全面振兴、满足农民群众美好生活需要的必然要求。作为一项系统工程，乡村治理需要统合政府、市场、社会组织和村民等多种力量，综合发挥多元主体的作用。而农村社会组织在组织引领、资源配置、能力建设等方面具有独特的优势，在乡村治理中扮演了不可或缺的建设性角色。因此，引导农村社会组织协同治理乡村是新时代实现乡村善治并最终实现乡村振兴的重要举措。在社会组织方面，加强荫子村村民自治组织，实现乡村内部的自我管理、自我教育和自我服务，以村委为主体形成荫子乡规民约，组织成立农民管理协会，参与乡村治理。

5.3.5　减源增汇的生态系统服务低碳提升策略

低碳理念尚未较广泛地被乡村居民所了解和关心，因此从乡村居民生态系统服务感知角度，低碳评价指标较少。居民感知指标以乡村居民的低碳行为评价为主，包括单位耕地面积化肥施用量和农药施用量、固体废弃物清理等方面。因此，主要可通过引导居民低碳行为的角度进行提升。其他方面还可通过增汇和减源的方式进行乡村生态系统服务低碳水平的提升（表 5.5）。

表 5.5　乡村低碳规划设计策略要点与空间的关联表

空间类型	空间要素	低碳规划设计策略要点
田——农田	稻田、果园林地、菜地、晒场等各类生产用地	保持当地特定农业生产方式和环境肌理，使用环保材料，以低造价、低技术和高效率的方式去进行生态建设与可持续农业生产模式组织
林——林地与乡土植物	防护林、经济林、薪炭林地等	水平混交和垂直混交相结合，培育复层异龄混交林，优化林分结构，提升林地总体碳汇效能，采用原生态乡土植物的组合种植，重视垂直群落的布局和设计

空间类型	空间要素	低碳规划设计策略要点
水——水体、湿地与径流	河道、湿地、池塘、湖泊、岛屿、沟渠、水田、渔塘等	尊重当地的山水生态格局，遵循蓝绿基础设施的生态服务能力，进行水环境综合治理和生态景观修复提升，用水土保持功能良好的植物以及透水性好的多孔材料构建生态驳岸，加强地表对初雨径流的自然入渗
路——道路	各级道路、宅间路、田间路及其场院、水上航路、埠头、桥等	采用生态透水铺装，鼓励采用砂石路面、泥结碎石和素土路，重视桥梁、埠头等水上交通设施的景观生态意义
筑——建筑构筑	各类生活、服务和生产性的建筑物、构筑物及其附属院落、街道、巷道、广场	结合本土化、低影响的营造模式，提倡使用环保材料，以低造价、低技术和高效率的方式，结合当地的传统工艺技术，通过共同参与建设实现在地化的低碳建筑风貌

图片来源：根据参考文献绘制。

5.3.5.1 减源——应用低碳技术

在乡村民居建筑低碳改造方面，需从规划设计、建筑方案、设备节能、可再生能源利用等方面着手，在建材生产运输、建筑施工、建筑运行、建筑拆除及回收过程等各环节降低碳排放，并在空间布局、体型系数、窗墙比、构件传热系数、装配化率、节电节水设备、自动控制系统、太阳能发电、雨水废水再利用等方面采用具体低碳技术措施。

在乡村垃圾处理方面，可采用一体环卫方案，对村民进行垃圾分类教育，在源头将农村垃圾分为可回收垃圾回收利用、餐厨垃圾堆肥回田、一般垃圾集中处理三类，可大大减少垃圾处理时的二氧化碳排放量。

在能源供给方面，荫子村可采用地源热泵井和分布式光伏电站，其优点为输出功率相对较小、污染小、环境效益突出，可将能源消耗减少40%。分布式光伏电站可分散式布置在荫子村每户。

5.3.5.2 增汇——增加生态用地

荫子村拥有的农田、水系、林地等丰富的自然与人工生态系统服务是实现碳中和的重要手段。增汇的方式即上文健康提升策略中的绿色网络构建和水系贯通互联。通过荫子村林地、湿地等碳汇用地的合理化增加和设计，增加林地、湿地、草地面积，从而提升生态系统服务碳吸收的水平。

田地在荫子村的生态系统服务中扮演着关键的角色。这些田地拥有生产性功能，种植了各类农作物、林带、果园、茶园和花园，既具有生产价值，又提供观赏价值。在推进低碳农业的同时，还要保持当地特定的农业生产方式和生态环境，避免过度的农田整治和单一化管理。合理保留那些拥有历史耕作肌理的农田生产区块。在满足机械化生产需求的前提下，尊重当地的农业技术发展条件，以展现现代大田的广阔景观。发展有机农业，促进农村生产生活垃圾的循环再利用，减少化肥使用。

林地在乡村生态系统服务中具有重要的生态和碳汇价值，它们充当生态屏障的角色，有助于增加植物多样性，维持农业景观的生态平衡。计划对林地进行管理，针对密度过大或林相单一的幼中龄林，采取移植和抽稀等方法，培育出复层异龄混交林，优化林地的结构，以提高整体的碳汇效能。此外，还计划通过连接零散土地，如宅旁、田旁、工矿废弃地等，进行复绿和造林，形成连续的生态基底，促进地区的生态连通。本研究将采用本地土壤、水文和气候条件适应性强的原生态本土植物组合种植，以降低种植和维护成本，并打造独具特色的地域植被。此外，还计划增加当地乡土植物的种植，以提高植物的碳汇潜力，降低在植物生长过程中人工干预所产生的碳排放。

5.3.6　基于部分优化策略实施的乡村居民感知提升效果评价

生态系统服务优化的过程不仅仅是技术性的目标，除了提升服务水平、降低碳排放，更重要的是通过此过程实现乡村的可持续发展，创造和谐的居住环境，增强乡村居民的健康、低碳发展意识并引导其行为。本研究通过生态系统服务优化策略部分实施后的访谈，对优化效果进行感知评价。

为了解荫子村居民对生态系统服务优化后的感知评价，反馈优化策略的效果和现状中仍然存在的问题，研究于 2022 年 6 月对荫子村的 52 位居民进行入户问卷调查和访谈，其中从第一轮问卷 96 人中随机选取 32 人，也随机选取未曾接受访谈的其他 20 位村民。调查过程采用问卷调查为主、半结构化访谈为辅的方式获取荫子村居民生态系统服务感知评价数据。问卷采用 5 级评分（明显感到提升变化 +2，有一定提升 +1，无感受 +0，轻微退步 −1，明显退步 −2）的形式进行了调查，结果如图 5.16 所示。

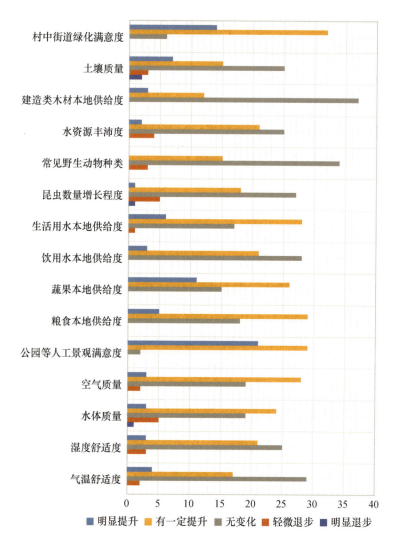

图 5.16   生态系统服务优化后居民感知反馈评价问卷统计
图片来源：作者自绘。

根据问卷反馈数据，结合荫子村村民访谈，评价结果主要为：

（1）荫子村居民健康服务优化感知评价方面，受访者一致认为改造设计很好地保留了村里原有的自然环境、生态系统和景观体系，增加景观节点和滨水步道等特色公共交流空间，多数受访者认为这些公共空间结合有效的景观绿化，为村民提供了较好的生活和休闲场所。但对于之前已经评价较好的温度、湿度、水体质量、空气指标等指标的感知评价变化不大。

（2）荫子村经济社会韧性感知评价方面，依靠高经济价值农业的居民认为组织形式的优化和经济农产品的统一管理对经济收入的带动有较好的效果。对于有外出打工意愿的村民，村中可以提供和介绍邻近区县合适的工作岗位。对于需要生态环境长期维护才能有明显效果的生物多样性方面的反馈评价和之前的评价结果相比变化不大。

（3）荫子村低碳感知评价方面，部分村民的低碳意识和理念已有改善，少部分村民家庭已开始安装太阳能板并对太阳能板的补贴和推广政策了解较多。对村中增加的景观节点的绿化设计评价较好。

以上调查结果显示，能被荫子村居民直接观察到的景观设计、经济产业带来的经济收入提高、低碳政策的推广宣传这三个方面的效果最为明显。生态网络结构、产业进一步优化升级等规划带来的生态效益需要更多的时间落实，其优化提升效果还需要未来进一步验证。

5.4　本章小结

本章以山东省威海市荫子村为例，提出基于乡村居民感知评价的乡村生态系统服务提升策略。根据荫子村居民生态系统服务感知调研结果，同时结合荫子村自然气候、地理区位、经济发展现状，对荫子村的绿色和水系网络结构、农业产业体系、乡土文化发扬、乡村组织结构、生态用地提升、低碳技术应用等方面提出了优化提升策略。优化策略具体可总结为三个方面：一是因地制宜的绿色和水系网络构建，二是要素联结的农业产业体系融合，三是减源增汇的低碳策略。可为乡村生态系统服务优化策略研究提供参考。

首先，以荫子村居民的身心健康、人与生态环境和谐发展为目标提出优化策略，包括荫子村田、园、场、林绿色网络构建，河、湖、溪、塘现状水系的贯通互联，以及景观节点的融入。可对荫子村生态系统服务的供给服务、调节服务、支持服务和文化服务等多项指标进行优化，从而促进荫子村居民健康。

其次，以荫子村社会经济韧性为目标提出优化策略，在生态系统服务健康的基础上，提出了荫子村农业产业融合、乡土文化振兴和乡村组织多元三个方面的优化策略，可为乡村生态系统服务效益的发挥产生积极推动作用。

最后，从降低碳排放和增加碳吸收的角度提出优化策略，包括增汇（生态用地增加和碳吸收效率提升）和减源（低碳生活方式引导和低碳技术应用）两个方面，通过增加荫子村生态用地以促进碳中和碳吸收，以及在乡村居民日常生活中应用低碳技术来降低碳排放。

参考文献

[1] 中共中央办公厅，国务院办公厅. 关于做好 2023 年全面推进乡村振兴重点工作的意见 [R]. 北京：2023.

[2] 刘彦随. 中国新时代城乡融合与乡村振兴 [J]. 地理学报，2018，73（04）：637-657.

[3] 周扬，黄晗，刘彦随. 中国村庄空间分布规律及其影响因素 [J]. Acta Geographica Sinica，2020，75（10）.

[4] 国家统计局. 第七次全国人口普查主要数据情况 [EB/OL].［3 月 21 日］. http://www. gov.cn/xinwen/2021-05/11/content_5605760.htm.

[5] Yu A., Wu Y. Z., Zheng B. B., et al. Identifying risk factors of urban-rural conflict in urbanization：A case of China[J]. Habitat International，2014，44：177-185.

[6] 龙花楼. 论土地整治与乡村空间重构 [J]. 地理学报，2013，68（08）：1019-1028.

[7] 何九盈，王宁，董琨. 辞源 [M]. 3 版. 北京：商务印书馆，2015.

[8] R D Rodefeld. 美国的农业与农村 [M]. 北京：农业出版社，1983.

[9] 鲍梓婷，周剑云，周游. 英国乡村区域可持续发展的景观方法与工具 [J]. 风景园林，2020，27（4）：74-80.

[10] 国家统计局. 关于统计上划分城乡的规定（试行）[EB/OL].[2022-08-30].http://www. stats.gov.cn/sj/tjbz/gjtjbz/202302/t20230213_1902742.html?eqid=efe393610002c1d60000 0005642bf1e7.

[11] 道格拉斯·法尔，黄靖，徐燊. 可持续城市化：城市设计结合自然 [M].北京：中国建筑工业出版社，2013.

[12] 董越，华晨. 基于经济、建设、生态平衡关系的乡村类型分类及发展策略 [J]. 规划师，2017，33（01）：128-133.

[13] 宁志中. 中国乡村地理 [M]. 北京：中国建筑工业出版社，2019.

[14] 中国大百科全书编辑部. 中国大百科全书·社会学 [M]. 北京：中国大百科全书出版社，1998.

[15] 刘佳燕. 关系·网络·邻里：城市社区社会网络研究评述与展望 [J]. 城市规划，2014（2）：91-96.

[16] 刘佳燕，邓翔宇. 基于社会—空间生产的社区规划：新清河实验探索 [J]. 城市规划，2016，40（11）：9-14.

[17] 赵永琪，田银生，陶伟. 1994—2014 年西方乡村研究：从乡村景观到乡村社会 [J]. 国际城市规划，2017，32（01）：74-81.

[18] Lee C. H. Understanding rural landscape for better resident-led management：Residents' perceptions on rural landscape as everyday landscapes[J]. Land Use Policy，2020，94.

[19] Costanza R，d'Arge R，de Groot R，et al. The value of the world's ecosystem services and nature capital[J]. Nature，1997，387（6630）：253-260.

[20] Daily G. Nature's services：Societal dependence on natural ecosystems[M]. Washington D C：Island Press，1997.

[21] Groot R. S. D.，Wilson M. A.，Boumans R. M. J. A typology for the classification，description and valuation of ecosystem functions，goods and services[J]. Ecological Economics，2002，3（41）：393-408.

[22] Millennium Ecosystem Assessment Program. Ecosystems and Human Well-being：Synthesis[M]. Washington，DC：Island Press，2005.

[23] 欧阳志云，王如松，赵景柱. 生态系统服务功能及其生态经济价值评价 [J]. 应用生态学报，1999，10（5）：635-640.

[24] 谢高地，张钇锂，鲁春霞，等. 中国自然草地生态系统服务价值 [J]. 自然资源学报，2001，16（1）：7.

[25] Costanza R.，Norton B. G.，Haskell B. D. Ecosystem health：New goals for environmental management[J]. Ecosystem Health New Goals for Environmental Management，1992.

[26] 欧阳志云，王效科，苗鸿. 中国陆地生态系统服务功能及其生态经济价值的初步研究 [J]. 生态学报，1999（05）：19-25.

[27] MA（Millennium Ecosystem Assessment）. Ecosystems and Human Well-Being[M]. Washington：Island Press，2005.

［28］Boyd J，Banzhaf S. What Are Ecosystem Services? The Need for Standardized Environmental Accounting Units［J］. Ecological Economics，2007，2-3（63）：616-626.

［29］Fisher B.，Turner R. K.，Morling P. Defining and classifying ecosystem services for decision making［J］. Ecological Economics，2009，68（3）：643-653.

［30］Burkhard B.，Degroot R.，Costanza R.，et al. Solutions for sustaining natural capital and ecosystem services［J］. Ecological Indicators，2012，21：1-6.

［31］Ecosystems and Human Well-being：A Framework for Assessment［R］. World Resources Institute，2003：105.

［32］程敏，张丽云，崔丽娟，欧阳志云.滨海湿地生态系统服务及其价值评估研究进展［J］.生态学报，2016，36（23）：7509-7518.

［33］张彪，谢高地，肖玉等.基于人类需求的生态系统服务分类［J］.中国人口·资源与环境，2010，20（06）：64-67.

［34］Costanza R. Ecosystem services：Multiple classification systems are needed［J］. Biological Conservation，2008，141（2）：350-352.

［35］葛韵宇，李方正.基于主导生态系统服务功能识别的北京市乡村景观提升策略研究［J］.中国园林，2020，36（01）：25-30.

［36］胡正凡，林玉莲.环境心理学［M］.4版.北京：中国建筑工业出版社，2018：157.

［37］王晓琪，赵雪雁，王蓉等.重点生态功能区农户对生态系统服务的感知：以甘南高原为例［J］.生态学报，2020，40（09）：2838-2850.

［38］林月彬，刘健，余坤勇等.冠顶式步道景观环境感知评价研究：以福州“福道”为例［J］.中国园林，2019，35（6）：72-77.

［39］魏方，王宇卓，陈鲁等.中国城市老旧社区非正式绿地改造及其公众感知研究［J］.景观设计学（英文版），2020，8（6）：30-45.

［40］Stauffer R. C. Haeckel，Darwin，and Ecology［J］. The Quarterly Review of Biology，1957，32（2）：138-144.

［41］Tansley A. G. The use and abuse of vegetational concepts and terms［J］. Ecology，1935，16（3）：284-307.

［42］Lindeman R. L. The trophic-dynamic aspect of ecology［J］. Ecology，1942，23（4）：399-417.

［43］曹小曙.基于人地耦合系统的国土空间重塑［J］.自然资源学报，2019，34（10）：2051-2059.

[44] 屠爽爽，龙花楼. 乡村聚落空间重构的理论解析［J］. 地理科学，2020，40（4）：509-517.

[45] 陈勇，陈国阶. 对乡村聚落生态研究中若干基本概念的认识［J］. 生态与农村环境学报，2011，18（1）：54-57.

[46] Chen C., Song M. Visualizing a field of research：A methodology of systematic scientometric reviews［J］. Plos One，2019，14（10）：e0223994.

[47] Wang Y. Y., Zhang Y. P., Yang G. F., et al. Knowledge Mapping Analysis of the Study of Rural Landscape Ecosystem Services［J］. Buildings，2022，12（10）：1517.

[48] Mamanis G., Vrahnakis M., Chouvardas D., et al. Land Use Demands for the CLUE-S Spatiotemporal Model in an Agroforestry Perspective［J］. Land，2021，10（10）：1097.

[49] Abram N. K., Meijaard E., Ancrenaz M., et al. Spatially explicit perceptions of ecosystem services and land cover change in forested regions of Borneo［J］. Ecosystem Services，2014，7（3）：116-127.

[50] Costanza R., Groot R. D., Braat L., et al. Twenty years of ecosystem services：How far have we come and how far do we still need to go?［J］. Ecosystem Services，2017，28（12）：1-16.

[51] Bidegain I., López-Santiago C. A., González J. A., et al. Social Valuation of Mediterranean Cultural Landscapes：Exploring Landscape Preferences and Ecosystem Services Perceptions through a Visual Approach［J］. Land，2020，9（10）：390.

[52] Baveye P. C., Baveye J., Gowdy J. Monetary valuation of ecosystem services：It matters to get the timeline right［J］. Ecological Economics，2013，95（11）：231-235.

[53] Lin Y. Y., Shui W., Li Z. P., et al. Green space optimization for rural vitality：Insights for planning and policy［J］. Land Use Policy，2021，108（9）：105545.

[54] Cebrian-Piqueras M. A., Karrasch L., Kleyer M. Coupling stakeholder assessments of ecosystem services with biophysical ecosystem properties reveals importance of social contexts［J］. Ecosystem Services，2017，23（2）：108-115.

[55] Tan Q. Y., Gong C., Li S. J., et al. Impacts of ecological restoration on public perceptions of cultural ecosystem services［J］. Environmental Science and Pollution Research，2021，28（42）：60182-60194.

[56] Junker B., Buchecker M. Aesthetic preferences versus ecological objectives in river restorations［J］. Landscape and Urban Planning，2008，85（3-4）：141-154.

［57］Arsenio P., Rodriguez-Gonzalez P. M., Bernez I., et al. Riparian vegetation restoration: Does social perception reflect ecological value?［J］. River Research and Applications, 2020, 36（6）: 907-920.

［58］Lamarque P., Tappeiner U., Turner C., et al. Stakeholder perceptions of grassland ecosystem services in relation to knowledge on soil fertility and biodiversity［J］. Regional Environmental Change, 2011, 11（4）: 791-804.

［59］Cottet M., Piegay H., Bornette G. Does human perception of wetland aesthetics and healthiness relate to ecological functioning?［J］. Journal of Environmental Management, 2013, 128（10）: 1012-1022.

［60］Stange E., Hagen D., Junker-Kohler B., et al. Public perceptions of ecological restoration within the context of Norwegian landscape management［J］. Restoration Ecology, 2022, 30（7）: e13612.

［61］Kaplowitz M. D., Lupi F. Stakeholder preferences for best management practices for non-point source pollution and stormwater control［J］. Landscape and Urban Planning, 2012, 104（3-4）: 364-372.

［62］Cottet M., Piola F., Le Lay Y. F., et al. How environmental managers perceive and approach the issue of invasive species: the case of Japanese knotweed s.l.（Rhne River, France）［J］. Biological Invasions, 2015, 17（12）: 3433-3453.

［63］Zhang H. J., Pang Q., Hua Y. W., et al. Linking ecological red lines and public perceptions of ecosystem services to manage the ecological environment: A case study in the Fenghe River watershed of Xi'an［J］. Ecological Indicators, 2020, 113（6）: 106218.

［64］Temesgen M., Rockstrom J., Savenije H., et al. Determinants of tillage frequency among smallholder farmers in two semi-arid areas in Ethiopia［J］. Physics and Chemistry of the Earth, 2008, 33（1-2）: 183-191.

［65］Lau J. D., Hicks C. C., Gurney G. G., et al. Disaggregating ecosystem service values and priorities by wealth, age, and education［J］. Ecosystem Services, 2018, 29（9）: 91-98.

［66］Bubalo M., van Zanten B. T., Verburg P. H. Crowdsourcing geo-information on landscape perceptions and preferences: A review［J］. Landscape and Urban Planning, 2019, 184（9）: 101-111.

［67］Kiriscioglu T., Hassenzahl D. M., Turan B. Urban and rural perceptions of ecological risks to water environments in southern and eastern Nevada［J］. Journal of Environmental Psychology, 2013, 33（3）: 86-95.

［68］Cebrian-Piqueras M. A., Filyushkina A., Johnson D. N., et al. Scientific and local ecological knowledge, shaping perceptions towards protected areas and related ecosystem services［J］. Landscape Ecology, 2020, 35（11）: 2549-2567.

［69］Marylise Cottet, Hervé Piégay, Gudrun Bornette. Does human perception of wetland aesthetics and healthiness relate to ecological functioning?［J］. Journal of Environmental Management, 2013, 128: 1012-1022.

［70］Dobbie M. F. Public aesthetic preferences to inform sustainable wetland management in Victoria, Australia［J］. Landscape and Urban Planning, 2013, 120（12）: 178-189.

［71］Darnthamrongkul W., Mozingo L. A. Toward sustainable stormwater management: Understanding public appreciation and recognition of urban Low Impact Development（LID）in the San Francisco Bay Area［J］. Journal of Environmental Management, 2021, 300（12）: 113716.

［72］Owusu V., Ma W. L., Emuah D., et al. Perceptions and vulnerability of farming households to climate change in three agro-ecological zones of Ghana［J］. Journal of Cleaner Production, 2021, 293（4）: 126154.

［73］Asrat P., Simane A. B. Farmers' perception of climate change and adaptation strategies in the Dabus watershed, North-West Ethiopia［J］. Ecological Processes, 2018, 7（2）: 7.

［74］Krajter Ostoic S., Marin A. M., Kicic M., et al. Qualitative Exploration of Perception and Use of Cultural Ecosystem Services from Tree-Based Urban Green Space in the City of Zagreb（Croatia）［J］. Forest, 2020, 11（8）: 876.

［75］Iwata Y., Fukamachi K., Morimoto Y. Public perception of the cultural value of Satoyama landscape types in Japan［J］. Landscape and Ecological Engineering, 2011, 7（2）: 173-184.

［76］Wan J. J., Su Y., Zan H. L., et al. Land Functions, Rural Space Governance, and Farmers' Environmental Perceptions: A Case Study from the Huanjiang Karst Mountain Area, China［J］. Land, 2020, 9（5）: 134.

［77］Flotemersch J., Aho K. Factors influencing perceptions of aquatic ecosystems［J］. Ambio, 2021, 50（2, SI）: 425-435.

[78] Bolanos-Valencia I., Villegas-Palacio C., Lopez-Gomez C. P., et al. Social perception of risk in socio-ecological systems: A qualitative and quantitative analysis[J]. Ecosystem Services, 2019, 38 (8): 100942.

[79] Dallimer M., Irvine K. N., Skinner A., et al. Biodiversity and the Feel-Good Factor: Understanding Associations between Self-Reported Human Well-being and Species Richness[J]. Bioscience, 2012, 62 (1): 47-55.

[80] Comberti C., Thornton T. F., Echeverria V. W., et al. Ecosystem services or services to ecosystems? Valuing cultivation and reciprocal relationships between humans and ecosystems[J]. Global Environmental Change-Human and Policy Dimensions, 2015, 34 (8): 247-262.

[81] Tixier P., Peyrard N., Aubertot J. N., et al. Modelling Interaction Networks for Enhanced Ecosystem Services in Agroecosystems[J]. 2013, 49 (1): 437-480.

[82] Isbell F., Adler P. R., Eisenhauer N., et al. Benefits of increasing plant diversity in sustainable agroecosystems[J]. Journal of Ecology, 2017, 105 (4): 871-879.

[83] Torralba M., Fagerholm N., Burgess P. J., et al. Do European agroforestry systems enhance biodiversity and ecosystem services? A meta-analysis[J]. Agriculture Ecosystems & Environment, 2016, 230: 150-161.

[84] Vibart, Re, Vogeler, et al. Simple versus Diverse Temperate Pastures: Aspects of Soil-Plant-Animal Interrelationships Central to Nitrogen Leaching Losses[J]. Agron J, 2016, 108 (11): 2174-2188.

[85] Lüscher A., Barkaoui K., Finn J. A., et al. Using plant diversity to reduce vulnerability and increase drought resilience of permanent and sown productive grasslands[J]. Grass and Forage Science: The Journal of the British Grassland Society, 2022, 77 (4): 246-253.

[86] Bender S. F., Wagg C., van der Heijden M. An Underground Revolution: Biodiversity and Soil Ecological Engineering for Agricultural Sustainability[J]. Trends in Ecology & Evolution, 2016, 31 (6): 440-452.

[87] Bernues A., Tenza-Peral A., Gomez-Baggethun E., et al. Targeting best agricultural practices to enhance ecosystem services in mountains[J]. Journal of Environmental Management, 2022, 316 (8): 115255.

[88] 丁金华, 刘筠琰. 水网乡村生态系统服务供需评价与空间格局优化: 以澄湖西北片区为例 [J]. 生态经济, 2023, 39 (2): 215-222.

[89] 曹然. 基于生态系统服务功能评价的乡村绿化结构合理性研究 [D]. 北京林业大学, 2020.

[90] 曾台鹏. 景感生态学视角下乡村生态景观系统评价与应用研究 [D]. 福建农林大学, 2023.

[91] 刘宇舒, 王振宇, 单卓然. 苏州乡村水域空间生态系统文化服务评价及其优化策略研究 [J]. 景观设计学（中英文）, 2021, 9（02）: 38-49.

[92] 余尤骋, 程南洋. 森林公园生态环境服务的游客感知评价研究: 以江苏省 7 家森林公园为例 [J]. 林业经济, 2020, 42（08）: 39-49.

[93] 赵磊, 吴文智, 李健等. 基于游客感知价值的生态旅游景区游客忠诚形成机制研究: 以西溪国家湿地公园为例 [J]. 生态学报, 2018, 38（19）: 7135-7147.

[94] 窦璐. 生态公园游客拥挤感知对环境责任行为的影响 [J]. 城市问题, 2020（03）: 47-56.

[95] 冯强, 程兴火. 生态旅游景区游客感知价值研究综述 [J]. 生态经济, 2009（09）: 105-108.

[96] 王敏, 王茜. 基于 Q 方法的城市公园生态服务使用者感知研究: 以上海黄兴公园为例 [J]. 中国园林, 2016, 32（12）: 97-102.

[97] 陈书星. 城市湿地生态旅游感知形象的影响因素: 以广州市南沙湿地为例 [J]. 城市问题, 2018（01）: 46-55.

[98] 马艳艳. 重点生态功能区农户的生计风险多维感知及影响因素: 以甘南黄河水源补给区为例 [J]. 生态学报, 2020.

[99] 杨海镇, 李惠梅, 张安录. 牧户对三江源草地生态退化的感知 [J]. 干旱区研究, 2016, 33（04）: 822-829.

[100] 罗萍嘉, 苗晏凯. "外因到内生": 村民参与视角下乡村人居环境改善影响机制研究: 以徐州市吴邵村为例 [J]. 农村经济, 2019（10）: 101-108.

[101] 郭秀丽, 周立华, 陈勇等. 典型沙漠化地区农户对生态环境变化的感知与适应: 以内蒙古自治区杭锦旗为例 [J]. 干旱区资源与环境, 2017, 31（03）: 64-69.

[102] 霍冉, 鲁博, 徐向阳等. 基于当地居民感知视角的煤炭资源型城市生态系统服务福祉效应研究: 以新泰市为例 [J]. 中国土地科学, 2019, 33（09）: 101-110.

[103] 李咏梅. 农村生态环境治理中的公众参与度探析 [J]. 农村经济, 2015（12）: 94-99.

[104] 罗琦, 甄霖, 杨婉妮等. 生态治理工程对锡林郭勒草地生态系统文化服务感知的影响研究 [J]. 自然资源学报, 2020, 35（01）: 119-129.

[105] 云雅如，方修琦，田青. 中国东北农业生产适应气候变化的行为经济学解释 [J]. 地理学报，2009，64（6）：687-692.

[106] 周旗，郁耀闯. 关中地区公众气候变化感知的时空变异 [J]. 地理研究，2009，28（1）：45-54.

[107] 王晓琪，赵雪雁，王蓉等. 重点生态功能区农户对生态系统服务的感知：以甘南高原为例 [J]. 生态学报，2020，40（9）：2838-2850.

[108] 戴胡萱，李俊鸿，程鲲等. 三江平原保护区社区居民对湿地生态系统服务功能的贡献意愿 [J]. 自然资源学报，2017，32（6）：977-987.

[109] Mitroi V., Maleval V., Deroubaix J. F., et al. What urban lakes and ponds quality is about? Conciliating water quality and ecological indicators with users' perceptions and expectations about urban lakes and ponds quality in urban areas[J]. Journal of Environmental Policy & Planning, 2022, 24（11）: 701-718.

[110] 罗琦，甄霖，杨婉妮等. 生态治理工程对锡林郭勒草地生态系统文化服务感知的影响研究 [J]. 自然资源学报，2020，35（1）：119-129.

[111] 夏哲一，袁承程，刘黎明等. 城市绿地生产性景观的居民价值感知特征研究：以北京"三山五园"地区稻田景观为例 [J]. 城市发展研究，2021，28（7）：57-64.

[112] 王墨晗，梅洪元. 寒地大学校园冬季健康行为的感知环境循证设计：基于东北9座大学校园的实证研究 [J]. 建筑学报，2020（S1）：87-91.

[113] 侯拓宇，陆明. 严寒城市商业街区风环境感知预测与空间优化 [J]. 建筑学报，2018（S1）：153-157.

[114] 王敏，朴世英，汪洁琼. 城市滨水空间生态感知的景观要素偏好分析：以上海后滩公园与虹口滨江绿地为例 [J]. 建筑与文化，2020（11）：157-159.

[115] 魏方. 中国城市老旧社区非正式绿地改造及其公众感知研究 [J]. 景观设计学（中英文版），2020，8（06）：30-45.

[116] 王建伟，魏淑敏，姚瑞等. 园林空间类型划分及景观感知特征量化研究 [J]. 西北林学院学报，2012，27（2）：221-225，229.

[117] 罗雨雁，王霞. 景观感知下的城市户外空间自然式儿童游戏场认知研究 [J]. 风景园林，2017（3）：73-78.

[118] 王德，张昀. 基于语义差别法的上海街道空间感知研究 [J]. 同济大学学报（自然科学版），2011，39（7）：1000-1006.

[119] 汪品. 基于空间感知的浙北地区乡村公园景观设计研究 [D]. 浙江大学，2019.

[120] 李仁杰，路紫，李继峰. 山岳型风景区观光线路景观感知敏感度计算方法：以武安国家地质公园奇峡谷景区为例 [J]. 地理学报，2011，66（2）：244-256.

[121] 苏一健. 基于景观生态要素感知的榆林城市空间形态优化策略研究 [D]. 西安建筑科技大学，2019.

[122] 罗皓，邓莉，江松霖等. 川西林盘乡村景观要素和要素组成与感知、偏好和压力恢复的关系 [J]. 资源与生态学报（英文版），2021，12（3）：384-396.

[123] 刘健行，彭特，刘华等. 基于公众感知的乌龙江东岸江滨复合型绿地景观视觉评价 [J]. 西北林学院学报，2021，36（2）：258-265.

[124] 贾亚娟，赵敏娟. 生活垃圾污染感知、社会资本对农户垃圾分类水平的影响：基于陕西 1374 份农户调查数据 [J]. 资源科学，2020，42（12）：2370-2381.

[125] 付文凤，姜海，房娟娟. 农村水污染治理的农户参与意愿及其影响因素分析 [J]. 南京农业大学学报（社会科学版），2018，18（04）：119-126.

[126] 邰秀军，芦利广，杨鑫等. 沙化区生态移民的沙化感知、社会影响和适应性策略 [J]. 中国人口·资源与环境，2020，30（03）：168-176.

[127] 王芳，栾福明，杨兆萍等. 新疆天山遗产地居民对生态移民的感知及满意度研究 [J]. 干旱区地理，2019，42（3）：653-663.

[128] 彭旭. 基于居民感知的山地型村镇生态系统服务评估研究 [D]. 山东建筑大学，2023.

[129] 翟雪竹，埃卡特·兰格. 运用社交媒体探索基于自然解决方案中的生态系统服务感知 [J]. 景观设计学，2020，8（03）：58-77.

[130] 左进波. 面向城市环境的移动感知研究 [D]. 中国科学院大学，2018.

[131] 涂伟，曹劲舟，高琦丽等. 融合多源时空大数据感知城市动态 [J]. 武汉大学学报（信息科学版），2020，45（12）：1875-1883.

[132] 王爽. 生态工程区关键生态空间及其生态系统服务提升研究：以内蒙古锡林郭勒盟为例 [D]. 中国科学院大学，2020.

[133] 杨婉清，杨鹏，孙晓等. 北京市景观格局演变及其对多种生态系统服务的影响 [J]. 生态学报，2022，42（16）：6487-6498.

[134] 申佳可，王云才. 景观生态网络规划：由空间结构优先转向生态系统服务提升的生态空间体系构建 [J]. 风景园林，2020，27（10）：37-42.

[135] 崔宁，于恩逸，吴迪等. 景感营造在自然保护区生态系统服务提升中的应用研究 [J]. 生态学报，2020，40（22）：8053-8062.

[136] 徐瑞蓉. 福建省森林生态系统服务能力提升研究 [J]. 山东农业大学学报（自然科学版），2020，51（5）：825-827.

[137] 吴一帆，张璇，李冲等.生态修复措施对流域生态系统服务功能的提升：以潮河流域为例 [J].生态学报，2020，40（15）：5168-5178.

[138] 苏本营，陈圣宾，李永庚等.间套作种植提升农田生态系统服务功能 [J].生态学报，2013，33（14）：4505-4514.

[139] 王敏，朴世英，汪洁琼.城市滨水空间生态感知的景观要素偏好分析：以上海后滩公园与虹口滨江绿地为例 [J].建筑与文化，2020（11）：157-159.

[140] 李昂，杨琰瑛，师荣光等.居民福祉及其与生态系统服务的关系研究进展 [J].农业资源与环境学报，2022，39（5）：948-957.

[141] 范逸凡，王珂，黄璐.乡村地区生态系统服务权衡与协同关系：以湖州市为例 [J].生态学报，2022，42（17）：6875-6887.

[142] 李永钧，张单阳，王珂等.乡村生态系统文化服务供需关系研究：以浙江省湖州市为例 [J].生态学报，2022，42（17）：6888-6899.

[143] 赵宏宇，李雁冰，车越.基于 SolVES 的传统村落生态系统服务社会价值评估：以锦江木屋村为例 [J].中国园林，2022，38（12）：76-81.

[144] 黄甜，郭青海，邹凯等.基于景感生态学理念的乡村社会−生态系统供给服务研究 [J].生态学报，2021，41（19）：7579-7588.

[145] 董嘉薇，陈海，白晓娟等.陕北黄土高原乡村振兴战略对生态系统服务的影响及原因研究：以陕西省米脂县为例 [J].西北大学学报（自然科学版），2022，52（4）：643-655.

[146] 李学东，刘云慧，李鹏山等.生态脆弱区农村居民点布局优化对区域生态系统服务功能的影响：以四川省西昌市为例 [J].生态学报，2022，42（17）：6900-6911.

[147] 丁彬，李学明，孙学晖等.经济发展模式对乡村生态系统服务价值保育和利用的影响：以鲁中山区三个村庄为例 [J].生态学报，2016，36（10）：3042-3052.

[148] 张茜，李朋瑶，宇振荣.基于景观特征评价的乡村生态系统服务提升规划和设计：以长沙市乔口镇为例 [J].中国园林，2015，31（12）：26-31.

[149] 李小康，华虹，王晓鸣等.基于生态系统服务价值的乡村可持续用地评价研究：以湖北省堰河村为例 [J].生态经济，2020，36（06）：112-117.

[150] 刘迪，陈海，马羽赫等.乡村振兴视角下农户生态系统服务依赖度及多层次影响因素 [J].生态学报，2023，43（8）：3079-3089.

[151] 王南希，陆琦.乡村景观价值评价要素及可持续发展方法研究 [J].风景园林，2015（12）：74-79.

[152] 刘嘉慧，张天尧，彭一升. 城中村不同改造模式下人居环境健康效应初探：基于广州猎德村与石牌村的对比分析 [J]. 南方建筑，2023（9）：70-78.

[153] 梅兴文，冯譞. 代际支持与农村老年人健康水平：基于返乡农民工家庭的研究 [J]. 人口与发展，2023，29（4）：122-137.

[154] 孙睿，李英华，田知旗等. 留守与非留守农村户籍大学生心理健康水平、社会性创伤、社会适应能力比较及其关系 [J]. 中国健康心理学杂志，2023，31（9）：1326-1331.

[155] 董禹，霍春竹，白兰等. 社会健康视角下乡村地方依恋研究进展与启示 [J]. 上海城市规划，2023，3（3）：22-28.

[156] 张国芳，蔡静如，张怡. 多元主体互动机制下的乡村社区产业营造：基于浙江德清莫干山民宿产业的个案分析 [J]. 岭南学刊，2018（3）：110-118.

[157] 田健，曾穗平. 基于韧性理念的生态功能区乡村"三生"脆弱性治理与空间规划响应 [J]. 规划师，2023，39（7）：64-71，84.

[158] 袁青，曲涵嘉，冷红. 寒地乡村韧性提升与规划响应路径 [J]. 上海城市规划，2023，2（2）：8-14.

[159] 罗顺兰，胡原，曾维忠. 相对视角下森林碳汇项目农村经济福利效应 [J]. 南京林业大学学报（自然科学版），2023，47（4）：253-261.

[160] 丁雨莲. 乡村旅游地碳汇资源的构成、特征与碳汇价值研究 [J]. 安徽农业大学学报（社会科学版），2016（1）：27-33.

[161] 邢燕，张轲. 基于低碳理念的新农村景观规划研究：以河南省为例 [J]. 中国农业资源与区划，2016，37（9）：225-228，232.

[162] 尹君锋，宋长青，石培基. 乡村振兴与新型城镇化良性耦合：中国式城乡现代化发展科学内涵与时代选择 [J]. 经济地理，2023，43（11）：154-164.

[163] 林草推进乡村振兴十条意见 [R]. 国家林业和草原局，2023.

[164] 刘崇刚，孙伟，曹玉红等. 乡村地域生态服务功能演化测度：以南京市为例 [J]. 自然资源学报，2020，35（5）：1098-1108.

[165] 杨忍，刘彦随，龙花楼等. 中国村庄空间分布特征及空间优化重组解析 [J]. 地理科学，2016，36（2）：170-179.

[166] 王大伟，张惠强，孔翠芳. 推动新型城镇化和脱贫攻坚更加紧密结合 [J]. 宏观经济管理，2020（9）：69-75.

[167] 陈冰，丁洋洋，刘子萱. 复合生态引导的全周期乡村规划设计研究：以贵阳市麦翁布依古寨为例 [J]. 西部人居环境学刊，2022，37（2）：134-140.

[168] 邢育健，黄敬亨. 健康教育学 [M]. 5 版. 上海：复旦大学出版社，2011.

[169] Opdam P. Implementing human health as a landscape service in collaborative landscape approaches [J]. Landscape and Urban Planning, 2020, 199（7）：103819.

[170] 唐燕，严瑞河. 基于农民意愿的健康乡村规划建设策略研究：以邯郸市曲周县槐桥乡为例 [J]. 现代城市研究，2019（05）：114-121.

[171] 许源源，王琎. 乡村振兴与健康乡村研究述评 [J]. 华南农业大学学报（社会科学版），2021，20（1）：105-117.

[172] 孔红梅，赵景柱，马克明等. 生态系统健康评价方法初探 [J]. 应用生态学报，2002，13（4）：486-490.

[173] 袁青，王翼飞，于婷婷. 公共健康导向的乡村空间基因提取与优化研究：以严寒地区乡村为例 [J]. 城市规划，2020，44（10）：51-62.

[174] 彭瑟刚·萨布卡特派桑，维帕微·素琳桑，朱拉叻·瓦尼查雅派实等. 健康的生态系统服务和人居环境：泰国北部的机遇与挑战 [J]. 风景园林，2020，27（09）：77-88.

[175] Bratman G. N., Anderson C. B., Berman M. G., et al. Nature and mental health：An ecosystem service perspective [J]. Science Advances, 2019, 5（7）：26.

[176] Sandifer P. A., Sutton-Grier A. E., Ward B. P. Exploring connections among nature, biodiversity, ecosystem services, and human health and well-being：Opportunities to enhance health and biodiversity conservation [J]. Ecosystem Services, 2015, 12（4）：1-15.

[177] 蒋云峰，王梅顺. 农田生态系统服务功能及其生态健康研究进展 [J]. 农村经济与科技，2016，27（21）：5-6.

[178] Aerts R., Honnay O., Van Nieuwenhuyse A. Biodiversity and human health：mechanisms and evidence of the positive health effects of diversity in nature and green spaces [J]. British Medical Bulletin, 2018, 127（1）：5-22.

[179] 郭庭鸿，舒波，董靓. 从城市自然到居民健康的生态系统文化服务路径 [J]. 中国城市林业，2018，16（02）：33-37.

[180] Rapport D. J. Evaluating ecosystem health [J]. Journal of Aquatic Ecosystem Health, 1992, 1（1）：15-24.

[181] Costanza R., Mageau M. What is a healthy ecosystem?[J]. Aquatic Ecology, 1999, 33（1）：105-115.

[182] Schaeffer D. J., Herricks E. E., Kerster H. W. Ecosystem health: I. Measuring ecosystem health[J]. Environmental Management, 1988, 12（4）: 445-455.

[183] Gee N. R., Harris S. L., Johnson K. L. The Role of Therapy Dogs in Speed and Accuracy to Complete Motor Skills Tasks for Preschool Children[J]. Anthrozoös, 2007, 20（4）: 375-386.

[184] Costanza R. Ecosystem health and ecological engineering[J]. Ecological Engineering, 2012, 45（8）: 24-29.

[185] Wiegand J., Raffaelli D., Smart J. C. R., et al. Assessment of temporal trends in ecosystem health using an holistic indicator[J]. Journal of Environmental Management, 2010, 91（7）: 1446-1455.

[186] Gray A., Doyle S., Doyle C., et al. Birds and human health: Pathways for a positive relationship and improved integration[J]. Ibis, 2024, 166（3）: 13290.

[187] 肖风劲，欧阳华. 生态系统健康及其评价指标和方法 [J]. 自然资源学报，2002，17（2）: 203-209.

[188] Tobin H., Klimas J., Barry T., et al. Opiate use disorders and overdose: Medical students' experiences, satisfaction with learning, and attitudes toward community naloxone provision[J]. Addictive Behaviors, 2018, 86（1）: 61-65.

[189] Walker B., Holling C. S., Carpenter S. R., et al. Resilience, Adaptability and Transformability in Social-Ecological Systems[J]. Ecology and Society, 2003, 9（2）: 0463.

[190] 颜文涛，卢江林. 乡村社区复兴的两种模式：韧性视角下的启示与思考 [J]. 国际城市规划，2017，32（04）: 22-28.

[191] 邵亦文，徐江. 城市韧性：基于国际文献综述的概念解析 [J]. 国际城市规划，2015，30（02）: 48-54.

[192] 张甜，刘焱序，王仰麟. 恢复力视角下的乡村空间演变与重构 [J]. 生态学报，2017，37（07）: 2147-2157.

[193] 魏艺. "韧性"视角下乡村社区生活空间适应性建构研究 [J]. 城市发展研究，2019，26（11）: 50-57.

[194] 陈晨，耿佳. 韧性视角下的传统乡村社区演进研究：以莫干山镇三个典型村庄为例 [J]. 城市规划，2023，47（1）: 86-93.

[195] 吴永常，胡志全. 低碳村镇：低碳经济的一个新概念 [J]. 中国人口·资源与环境，2010，20（12）: 4.

[196] 董魏魏，刘鹏发，马永俊. 基于低碳视角的乡村规划探索：以磐安县安文镇石头村村庄规划为例 [J]. 浙江师范大学学报：自然科学版，2012，35（4）：7.

[197] 庄贵阳，窦晓铭，魏鸣昕. 碳达峰碳中和的学理阐释与路径分析 [J]. 兰州大学学报：社会科学版，2022，50（1）：12.

[198] 王睿，张赫，冯兰萌. 中国县域规模结构对居民生活碳排放的影响关系研究：关键要素及代表性指标 [J]. 现代城市研究，2021，36（2）：7.

[199] 嵇薪颖，张立. 国土空间规划视角下乡村地区碳测算与格局优化研究：以西部 S 镇为例 [J]. 小城镇建设，2023，41（4）：11-18.

[200] 段德罡，刘慧敏，高元. 低碳视角下我国乡村能源碳排放空间格局研究 [J]. 中国能源，2015（7）：28-34.

[201] 联合国粮农组织（UN FAO）. COP26 气候峰会报告 [R]. 2021.

[202] 龙花楼，胡智超，邹健. 英国乡村发展政策演变及启示 [J]. 地理研究，2010，29（08）：1369-1378.

[203] Wilson G. A. From productivism to post-productivism... and back again? Exploring the（un）changed natural and mental landscapes of European agriculture[J]. Transactions of the Institute of British Geographers，2001，26（1）：77-102.

[204] Bjørkhaug H.，Richards C. A. Multifunctional agriculture in policy and practice? A comparative analysis of Norway and Australia[J]. Journal of Rural Studies，2008，24（1）：98-111.

[205] 刘祖云，刘传俊. 后生产主义乡村：乡村振兴的一个理论视角 [J]. 中国农村观察，2018（05）：2-13.

[206] Evans N.，Morris C.，Winter M. Conceptualizing agriculture：a critique of post-productivism as the new orthodoxy[J]. Progress in Human Geography，2002，26（3）：313-332.

[207] 岳晓鹏，张玉坤. 国外生态村概念演变及发展历程研究 [J]. 建筑学报，2011（S1）：7.

[208] Robert G，Gilman D. Eco-Villages and Sustainable Communities：A Report for Gaia Trust by Context Institute[R]. Bainbridge Island：Context Institute，1991.

[209] 岳晓鹏，常猛，王舒扬. 美国生态村发展演变研究及对我国的启示 [J]. 西安建筑科技大学学报（自然科学版），2016，48（6）：895-900.

[210] 杨京平. 全球生态村运动述评 [J]. 生态经济，2000（4）：46-48.

[211] 赵文宁. 1950—2010：战后欧洲乡村发展理论与规划策略回顾 [J]. 小城镇建设，2019，37（3）：5-11，17.

[212] 刘涛洋. 英格兰乡村保护运动探究 [D]. 苏州科技大学，2017.

[213] 周游，魏博阳，韦泡春. 英国乡村规划空间尺度的经验与启示 [J]. 南方建筑，2019（1）：6.

[214] 赵紫伶，于立，陆琦. 英国乡村建筑及村落环境保护研究：科茨沃尔德案例探讨 [J]. 建筑学报，2018（7）：113-118.

[215] 鲍梓婷，周剑云. 当代乡村景观衰退的现象、动因及应对策略 [J]. 城市规划，2014，38（10）：75-83.

[216] 大泽启志，李京生. 生态规划与乡村规划：日本的经验 [J]. 小城镇建设，2018（04）：20-24.

[217] Santos K C, Pino J, Roda F. Beyond the Reserves: The Role of Nonprotected Rural Areas for Avifauna Conservation in the Area of Barcelona（NE of Spain）[J]. Landscape and Urban Planning, 2008, 2（84）: 140-151.

[218] Nagaike T, Kamitani T. Factors Affecting Changes in Landscape Diversity in Rural Areas of the Fagus Crenata Forest Region of Central Japan[J]. Landscape and Urban Planning, 1999, 43（4）: 209-216.

[219] Iiyama N, Kamada M, Nakagoshi N. Ecological and Social Evaluation of Landscape in a Rural Area with Terraced Paddies in Southwestern Japan[J]. Landscape and Urban Planning, 2005, 70（3）: 301-313.

[220] Janssen J., Knippenberg L. The heritage of the productive landscape: Landscape design for rural areas in The Netherlands, 1954-1985[J]. Landscape Reasearch, 2008, 33（1）: 1-28.

[221] Statuto D., Cillis G., Picuno P. Analysis of the effects of agricultural land use change on rural environment and landscape through historical cartography and GIS tools[J]. Journal of Agricultural Engineering, 2016, 47（1）: 28-39.

[222] 陈幺，赵振斌，张铖等. 遗址保护区乡村居民景观价值感知与态度评价：以汉长安城遗址保护区为例 [J]. 地理研究，2015，34（10）：1971-1980.

[223] Willemen L., Hein L., van Mensvoort M., et al. Space for people, plants, and livestock? Quantifying interactions among multiple landscape functions in a Dutch rural region[J]. Ecological Indicators, 2010, 10（1）: 62-73.

[224] 孟令冉，吴军，董霁红. 山丘生态保护区乡村聚落空间分异及格局优化[J]. 农业工程学报，2017，33（10）：278-286.

[225] Deng M. Y., Zeng J. X., Yu B., et al. Study on changes and optimization of rural landscape pattern under the background of tourism development[J]. Ecological Economy, 2010, 2（11）: 82-86.

[226] 范建红，朱雪梅，谢涤湘. 城市蔓延背景下的乡村景观生态安全影响研究 [J]. 城市发展研究，2016，23（11）: 11-16.

[227] Zhao X., Sun H., Chen B., et al. China's rural human settlements: Qualitative evaluation, quantitative analysis and policy implications[J]. Ecological Indicators, 2019, 105（10）: 398-405.

[228] 付岩岩. 欧盟共同农业政策的演变及启示 [J]. 世界农业，2013（9）: 54-57.

[229] 汤爽爽，冯建喜. 法国快速城市化时期的乡村政策演变与乡村功能拓展 [J]. 国际城市规划，2017，32（4）: 104-110.

[230] 李明烨，王红扬. 论不同类型法国乡村的复兴路径与策略 [J]. 乡村规划建设，2017.

[231] 李明烨，汤爽爽. 法国乡村复兴过程中文化战略的创新经验与启示 [J]. 国际城市规划，2018，33（6）: 118-126.

[232] 周应恒，胡凌啸，严斌剑. 农业经营主体和经营规模演化的国际经验分析 [J]. 中国农村经济，2015（9）: 80-95.

[233] 张驰，张京祥，陈眉舞. 荷兰乡村地区规划演变历程与启示 [J]. 国际城市规划，2016，1: 81-86.

[234] 郭巍，侯晓蕾. 从土地整理到综合规划：荷兰乡村景观整治规划及其启示 [J]. 风景园林，2016（9）: 115-120.

[235] 王晓俊，王建国. 兰斯塔德与"绿心"：荷兰西部城市群开放空间的保护与利用 [J]. 规划师，2006，22（3）: 90-93.

[236] Manten A. A. Fifty years of rural landscape planning in The Netherlands[J]. Landscape Planning, 1975, 2（1）: 197-217.

[237] 周静敏，惠丝思，薛思雯等. 文化风景的活力蔓延：日本新农村建设的振兴潮流 [J]. 建筑学报，2011（4）: 46-51.

[238] 莫筱筱，明亮. 日本社区营造的经验及启示 [J]. 城市发展研究，2016，23（1）: 91-96.

[239] 藤荣刚，周若云，张瑜等. 日本农业协同组织的发展新动向与面临的挑战：日本案例和对中国农民专业合作社的启示 [J]. 农业经济问题，2009（2）: 103-109.

[240] 李水山. 韩国的新村运动 [J]. 中国改革：农村版，2004（4）: 56-57.

[241] 贺丽洁. 都市农业与中国小城镇规划研究 [M]. 北京：BEIJING BOOK CO. INC.，2017.

[242] 郭占锋，张森，乔鑫. 参与式行动：中国乡村振兴实践的路径选择 [J]. 南京农业大学学报（社会科学版），2023，23（2）：24-32，102.

[243] 焦怡雪. 帮助人民创造自我环境 [J]. 国外城市规划，1999（3）：16-18.

[244] 汪丽君，舒平，侯薇. 冲突，多样性与公众参与：美国建筑历史遗产保护历程研究 [J]. 建筑学报，2011（5）：43-47.

[245] 牛文元. 可持续发展理论的内涵认知：纪念联合国里约环发大会 20 周年 [J]. 中国人口资源与环境，2012，22（5）：9-14.

[246] Porter M. E., Ketels C. H., Miller K., et al. Competitiveness in rural US regions：Learning and research agenda [J]. Institute for Strategy and Competitiveness，Harvard Business School，2004，23（5）：1-17.

[247] Van der Ploeg J. D., Renting H. Behind the 'redux'：a rejoinder to David Goodman [J]. Sociologia Ruralis，2004，44（2）：234-242.

[248] 罗问，孙斌栋. 国外城市规划中公众参与的经验及启示 [J]. 上海城市规划，2010（6）：58-61.

[249] van der Ploeg J. D., Saccomandi V. On the impact of endogenous development in agriculture. [J]. 1995，27（4）：10-28.

[250] Idziak W., Majewski J., Zmyślony P. Community participation in sustainable rural tourism experience creation：A long-term appraisal and lessons from a thematic villages project in Poland [J]. Journal of Sustainable Tourism，2015，23（8-9）：1341-1362.

[251] 朱洁，阳文锐，杨林. 欧洲乡村可持续发展经验及对首都乡村建设启示研究 [J]. 小城镇建设，2021，39（4）：111-119.

[252] LEADER/CLLD [EB/OL]. [2012-01-05]. https://ec.europa.eu/enrd/index.html

[253] 刘敦桢. 中国住宅概说 [M]. 武汉：华中科技大学出版社，2018.

[254] 阮仪三，邵甬，林林. 江南水乡城镇的特色，价值及保护 [J]. 城市规划汇刊，2002，1：1-4.

[255] 彭一刚. 传统村镇聚落景观分析 [M]. 北京：中国建筑工业出版社，1994.

[256] 陈志华. 楠溪江中游的古村落 [J]. 民间文化旅游，2000，4：20-24.

[257] 陈优. 宏村水圳景观特征及其保护整治研究 [D]. 安徽建筑大学，2023.

[258] 李一霏，陈佳丽. 山水格局视角下鄂东南传统聚落生态智慧探析：以湖北省通山县闯王镇芭蕉湾村为例 [J]. 美术教育研究，2022（23）：90-92.

[259] 王淑佳，孙九霞. 中国传统村落可持续发展评价体系构建与实证 [J]. 地理学报，2021，76（4）：921-938.

[260] 毛桂龙，刘扣生. 村庄有机更新的思路与对策研究 [J]. 小城镇建设，2012，5：65-69，75.

[261] 冯应斌，龙花楼. 中国山区乡村聚落空间重构研究进展与展望 [J]. 地理科学进展，2020，39（5）：14.

[262] 洪惠坤，谢德体，郭莉滨等. 多功能视角下的山区乡村空间功能分异特征及类型划分 [J]. 生态学报，2017，37（7）：13.

[263] 方明，董艳芳，白小羽等. 注重综合性思考突出新农村特色：北京延庆县八达岭镇新农村社区规划 [J]. 建筑学报，2006（5）：4.

[264] 周政旭，王训迪，刘加维等. 山地乡村空间格局演变特征研究：以贵州中部白水河谷地区为例 [J]. 城市发展研究，2018，25（7）：9.

[265] 李钰. 陕甘宁生态脆弱地区乡村人居环境研究 [D]. 西安建筑科技大学，2011.

[266] 何依，邓巍，李锦生等. 山西古村镇区域类型与集群式保护策略 [J]. 城市规划，2016，40（02）：85-93.

[267] 王竹，钱振澜. 乡村人居环境有机更新理念与策略 [J]. 西部人居环境学刊，2015，30（2）：15-19.

[268] 王丹. 浙江德清东沈村山地河谷型村落有机更新策略与方法 [J]. 2018.

[269] 朱晓青，邬轶群，翁建涛等. 混合功能驱动下的海岛聚落范式与空间形态解析：浙江舟山地区的产住共同体实证 [J]. 地理研究，2017，36（8）：1543-1556.

[270] 梁一航. 乡村旅游导向下关中下沉式窑洞民居空间更新研究 [J]. 2017.

[271] 王竹，徐丹华，王丹. 客家围村式村落的动态式有机更新：以广东英德楼仔村为例 [J]. 南方建筑，2017（1）：10-15.

[272] 赵万民，束方勇. 基于生态安全约束条件的西南山地城镇适应性规划策略研究 [J]. 西部人居环境学刊，2016，31（003）：1-7.

[273] 倪凯旋. 基于景观格局指数的乡村生态规划方法 [J]. 规划师，2013，29（9）：6.

[274] 李首成，刘文全，程序等. 基于高分辨率卫星图的川中丘陵区村级景观格局特征研究 [J]. 应用生态学报，2005，16（10）：1830-1837.

[275] 李彦星，黄磊昌，肖英男. 基于生产，生活，生态条件下的乡村景观生态规划 [J]. 湖北农业科学，2016，55（3）：5.

[276] 吴雷，雷振东，崔小平等. 西安杨家村乡村景观互适性转型探讨 [J]. 规划师，2020，36（13）：60-65.

[277] 胡青宇，张宇，史超然. 乡村聚落景观节约型设计策略探索 [J]. 中国园林，2020，36（01）：31-36.

[278] 梁俊峰，王波. "三生"视角下的乡村景观规划设计方法 [J]. 安徽农业科学，2020，48（21）：223-226.

[279] 范雯雯，陈东田，谭晓磊等. 乡村景观规划设计中体验设计的融入与表达：以泰安大河峪村为例 [J]. 山东农业大学学报（自然科学版），2020，51（03）：577-581.

[280] 程惠珊，苏涵，贾彦飞等. 村民参与式乡村微景观营造模式研究：以晋江市乡村为例 [J]. 昆明理工大学学报（自然科学版），2020，45（02）：124-129.

[281] 周游，李升松，周慧等. 乡村空间分类量化评价体系构建及南宁实践 [J]. 规划师，2019，35（21）：59-64.

[282] 王炎松，庞天澍，李憬. 巴拉河山地聚落空间形态量化方法研究 [J]. 华中建筑，2012，30（09）：122-126.

[283] 陈雨薇，孙俊桥. 基于空间句法的历史文化村镇街巷形态的量化分析研究：以重庆铜梁安居古镇为例 [J]. 西部人居环境学刊，2019，34（02）：106-112.

[284] 李彦潼，朱雅琴，周游等. 基于分形理论下村落空间形态特征量化研究：以南宁市村落为例 [J]. 南方建筑，2020（05）：64-69.

[285] 浦欣成，蔡子君. 传统乡村聚落公共空间量化解析研究综述 [J]. 建筑与文化，2020（11）：44-46.

[286] 张雷，马海依，吴冠中等. 云夕深澳里书局 桐庐 [J]. 城市环境设计，2015，10：28-41.

[287] 何崴，张昕. 给老土房一颗年轻的心：平田村爷爷家青年旅社改造设计 [J]. 世界建筑，2015（11）：90-95.

[288] 徐甜甜，汪俊成. 松阳乡村实践：以平田农耕博物馆和樟溪红糖工坊为例 [J]. 建筑学报，2017（4）：52-55.

[289] 于法稳，黄鑫，岳会. 乡村旅游高质量发展：内涵特征，关键问题及对策建议 [J]. 中国农村经济，2020（8）：27-39.

[290] 郭焕成，韩非. 中国乡村旅游发展综述 [J]. 地理科学进展，2010，29（12）：1597-1605.

[291] 李伯华，刘沛林，窦银娣等. 中国传统村落人居环境转型发展及其研究进展 [J]. 地理研究，2017，36（10）：1886-1900.

[292] 王文棋，刘兆德，陈有川. 乡村振兴背景下我国乡村旅游绿色发展路径探析：以资源型城市舞钢九龙茶乡 AAA 景区创建为例 [J]. 城市发展研究，2023，30（04）：114-120.

[293] 郑宇，方凯伦，刘慧雯等. 新型社会治理下的第三方组织参与公共空间规划设计思考 [J]. 规划师，2021，37（22）：80-85.

[294] 薛璇，王潇，李琳. 公众参与视角下社区规划师制度的实践探索：以徐汇区长桥街道长桥四村社区为例 [J]. 规划师，2021，37（S1）：25-31.

[295] 李强，陈宇琳，刘精明. 中国城镇化"推进模式"研究 [J]. 中国社会科学，2012，7（82）：100.

[296] 刘云刚，陈慧，姚丹燕. 基于工作坊的村社自治规划与微改造模式探索：以广州桥南街为例 [J]. 上海城市规划，2018，4：22-27.

[297] 欧阳文婷，吴必虎. 旅游发展对乡村社会空间生产的影响：基于开发商主导模式与村集体主导模式的对比研究 [J]. 社会科学家，2017（4）：96-102.

[298] 毛敏康. 试论山东省地貌区域结构 [J]. 地理科学，1993（01）：26-33.

[299] 山东省民政厅. 2022 年度山东省行政区划代码公告 [EB/OL].[2022-08-22]. http://mzt.shandong.gov.cn/art/2023/1/28/art_15318_10306991.html

[300] 山东省人民政府. 山东构建形成"两屏三带"生态安全战略格局 [EB/OL].[2021-03-23]. http://www.shandong.gov.cn/art/2021/10/9/art_97904_506924.html

[301] 孙中奇. 马光·嬗变、渐变与传承：元明之际的山东海洋与东亚秩序 [J]. 海交史研究，2023（1）：122-125.

[302] 山东省统计局. 山东省第七次全国人口普查主要数据情况 [EB/OL].[2022-05-24] http://tjj.shandong.gov.cn/art/2021/5/21/art_6109_10287502.html

[303] 穆聪. 基于地理探测器的山东省人口空间格局演变及影响因素研究 [J]. 山东理工大学学报（自然科学版），2024，38（02）：27-34.

[304] Shandong Provincial Bureau Of Statistics. Shandong Statistical Yearbook[M]. Beijing: China Statistics Press，2021.

[305] 山东省自然资源厅. 山东省国土空间生态修复规划（2021—2035 年）[R]，2021.

[306] 李梦洁，张亭好，侯敬等. 山东省农业现代化发展水平时空演变及障碍因子研究 [J]. 中国农业资源与区划，2023，44（7）：238-247.

[307] 山东省工业和信息化研究院课题组. 山东省工业布局特征与发展对策研究：基于第四次经济普查 [J]. 现代管理科学，2021（5）：30-38.

[308] 戴力农. 设计调研 [M]. 北京：电子工业出版社，2014.

[309] 中国互联网络信息中心. 第 52 次《中国互联网络发展状况统计报告》[EB/OL].（2023-08-28）. https://www.gov.cn/yaowen/liebiao/202308/content_6900651.htm

[310] 方鹏飞，罗震东，毛茗. 移动互联网时代中国城市网络营销的空间效应：基于抖音数据的实证 [J]. 城市发展研究，2023，30（3）：106-114.

[311] Costanza R., de Groot R., Braat L., et al. Twenty years of ecosystem services: How far have we come and how far do we still need to go?[J]. Ecosystem Services, 2017, 28（12）: 1-16.

[312] 赵雨晴, 游巍斌, 林雪儿等. 游客和居民视角下武夷山市生态系统文化服务感知比较研究[J]. 生态学报, 2022, 42（10）: 4011-4022.

[313] 郭玉佳, 刘世梁, 董玉红等. 基于景观格局和生态系统服务的生态廊道修复成效评估指标体系[J]. 中国生态农业学报（中英文）, 2023, 31（10）: 1525-1538.

[314] 张文慧, 廖涛, 方国华等. 农村河流健康状况评价指标体系构建及应用[J]. 水利水电技术（中英文）, 2023, 54（2）: 151-160.

[315] 罗静. 农村生态评价及农田生态规划设计方法研究[D]. 扬州大学, 2007.

[316] 彭涛. 华北山前平原村级农田生态系统健康评价方法探讨: 以河北省栾城县为例[D]. 中国农业大学, 2004.

[317] 刘明庆, 韩笑, 杨育文等. 不同土地利用方式土壤肥力调查与评价: 以浙江省建德市葛塘村为例[J]. 生态与农村环境学报, 2023, 39（3）: 394-401.

[318] 张睿婕, 高元. 多源数据融合下的关中传统村落景观生态敏感度评价[J]. 现代城市研究, 2022（12）: 9-17.

[319] 王沁园, 丁金华. 基于景观生态风险评价的水网乡村韧性规划: 以长白荡片区为例[J]. 南方建筑, 2022（5）: 10-17.

[320] 李志恩, 韩建民. 甘肃省乡村振兴指标体系构建与量化研究[J]. 生产力研究, 2023（3）: 76-80, 151.

[321] 夏敏, 刘岩, 邹伟. "三生"空间相互作用视域下的南京市溧水区乡村宜居性评价[J]. 农业工程学报, 2023, 39（16）: 245-255.

[322] 刘奔腾, 杨程, 张婷婷. 生态宜居视角下的黄土高原乡村建设质量评价: 以陇东地区为例[J]. 干旱区资源与环境, 2023, 37（4）: 72-79.

[323] 陈驰, 彭翀, 袁佳利等. 突发公共卫生事件下的乡村韧性评价与提升策略: 以湖南省湘阴县为例[J]. 上海城市规划, 2023, 2（2）: 23-28.

[324] 田璞玉, 万忠, 王建军等. 广东省农业农村现代化评价指标体系构建与评估[J]. 科技管理研究, 2023, 43（10）: 66-72.

[325] 沈冰洁, 尤莉莉, 田向阳等. 我国健康农村（县）综合评价指标体系构建研究[J]. 中国健康教育, 2019, 35（3）: 203-207.

[326] 涂武斌, 张领先, 傅泽田. 基于多目标规划的农村生态系统健康评价指标选择模型[J]. 系统工程理论与实践, 2012, 32（10）: 2229-2236.

[327] 祝文婷，韦燕飞，李文辉等."三生"视角下的西江流域（广西段）乡村韧性时空分异特征 [J]. 水土保持研究，2023，30（4）：438-446.

[328] 胡霄，李红波，李智等. 河北省县域乡村韧性测度及时空演变 [J]. 地理与地理信息科学，2021，37（3）：8.

[329] 徐丹华. 小农现代转型背景下的"韧性乡村"认知框架和营建策略研究 [D]. 浙江大学，2021.

[330] 陈玉娟，祝铁浩，殷惠兰. 低碳新农村建设评价指标体系的构建研究：以浙江省为例 [J]. 浙江工业大学学报，2013，41（6）：682-685.

[331] 刘倩，张玉敏，董芳等. 模糊综合评价法在低碳新农村发展评价中的应用：以河北省为例 [J]. 河北大学学报（自然科学版），2014，34（6）：572-578.

[332] 王竹. 长江三角洲地区低碳乡村人居环境营造体系 [M]. 北京：中国建筑工业出版社，2022：231.

[333] Saaty T. L.，Kearns K. P. CHAPTER 3-The Analytic Hierarchy Process [M]. Analytical Planning：The Organization of Systems，1985.

[334] Laarhoven P. M. J. V.，Pedrycz W. A fuzzy extension of Saaty's priority theory [J]. Fuzzy Sets & Systems，1983，11（13）：199-227.

[335] Mikhailov L.，Tsvetinov P. Tsvetinov，P. Evaluation of services using a fuzzy analytic hierarchy process. Appl. Soft Comput. 5，23-33 [J]. Applied Soft Computing，2004，5（1）：23-33.

[336] 张吉军. 模糊层次分析法（FAHP）[J]. 模糊系统与数学，2000，（02）：80-88.

[337] Gerlach J.，Samways M.，Pryke J. Terrestrial invertebrates as bioindicators：An overview of available taxonomic groups [J]. Journal of Insect Conservation，2013，17（4）：831-850.

[338] Yu X. H. Engel curve，farmer welfare and food consumption in 40 years of rural China [J]. China Agricultural Economic Review，2018，10（1）：65-77.

[339] Li X.，Guo H. F.，Feng G. W.，et al. Farmers' Attitudes and Perceptions and the Effects of the Grain for Green Project in China：A Case Study in the Loess Plateau [J]. Land，2022，11（3）：136-142.

[340] Heong K. L.，Lu Z. X.，Chien H. V.，et al. Ecological Engineering for Rice Insect Pest Management：The Need to Communicate Widely，Improve Farmers' Ecological Literacy and Policy Reforms to Sustain Adoption [J]. Agronomy-Basel，2021，11（11）：79-86.

[341] Li X., Guo H., Feng G., et al. Farmers’ Attitudes and Perceptions and the Effects of the Grain for Green Project in China: A Case Study in the Loess Plateau[J]. Land, 2022, 11（3）: 29-38.

[342] Bridgman T., Cummings S., Ballard J. Who built Maslow's pyramid? A history of the creation of management studies' most famous symbol and its implications for management education[J]. Academy of Management Learning & Education, 2019, 18（1）: 81-98.

[343] Zhang L. Q., Cao H. H., Han R. B. Residents' Preferences and Perceptions toward Green Open Spaces in an Urban Area[J]. Sustainability, 2021, 13（3）: 210-217.

[344] Borsotto P., Henke R., Macri M. C., et al. Participation in rural landscape conservation schemes in Italy[J]. Landscape Research, 2008, 33（3）: 347-363.

[345] Chessman B. C., Fryirs K. A., Brierley G. J. Linking geomorphic character, behaviour and condition to fluvial biodiversity: implications for river management[J]. Aquatic Conservation: Marine and Freshwater Ecosystems, 2006, 46（5）: 208-216.

[346] Schmitt D. P., Long A. E., Mcphearson A., et al. Personality and gender differences in global perspective[J]. International Journal of Psychology, 2017, 52（12）: 45-56.

[347] Jin Y., Wang F., Payne S. R., et al. A comparison of the effect of indoor thermal and humidity condition on young and older adults' comfort and skin condition in winter[J]. Indoor and Built Environment, 2022, 31（3）: 759-776.

[348] Barnett D. W., Barnett A., Nathan A., et al. Built environmental correlates of older adults' total physical activity and walking: a systematic review and meta-analysis[J]. International Journal of Behavioral Nutrition and Physical Activity, 2017, 14（8）: 39-47.

[349] 格里·斯托克, 华夏风. 作为理论的治理: 五个论点 [J]. 国际社会科学杂志, 2019（3）: 23-32.

[350] 吴成凤, 闵婕, 翁才银等. 生态脆弱山区农村居民点安全韧性评价及空间优化: 以重庆市秀山土家族苗族自治县隘口镇为例 [J]. 山地学报, 2023, 41（2）: 266-279.

[351] 张骅, 王昊, 周薇南等. 低碳技术在传统村镇振兴中的应用 [J]. 绿色建筑, 2021, 13（06）: 19-20.

[352] 范理扬. 基于长三角地区的低碳乡村空间设计策略与评价方法研究 [D]. 浙江大学, 2017.

[353] 范志强, 苏毅, 杨仕恩等. 基于低碳理念的河西走廊村庄规划策略探索: 以武威市大湾村为例 [J]. 小城镇建设, 2023, 41（6）: 46-54.

[354] 吴盈颖. 乡村社区空间形态低碳适应性营建方法与实践研究 [D]. 浙江大学, 2016.